# 寒区岩体裂隙中
# 水分迁移及成冰机理研究

王莉平　李宁　著

中国水利水电出版社
www.waterpub.com.cn
·北京·

## 内 容 提 要

本书以寒区基岩中的裂隙冰层为研究对象，通过试验、理论分析及数值模拟的手段研究其出现过程及影响因素，提出了岩体裂隙中气态迁移导致的两种成冰机理，并基于第一种成冰机理建立了相应的模型。全书共分 7 章，第 1 章主要介绍了基岩寒冻风化的研究背景及进展；第 2~4 章介绍了岩体裂隙中水分迁移及成冰过程的试验研究；第 5章介绍了低温岩体裂隙中气态水迁移机理；第 6 章介绍了岩体裂隙壁面上霜层生长模型及影响因素；第 7 章介绍了水蒸气-预融水膜迁移机理。

本书适用于地质工程、岩土工程及土木工程专业高校学生及相关领域科研技术人员参考阅读。

**图书在版编目（ＣＩＰ）数据**

寒区岩体裂隙中水分迁移及成冰机理研究 / 王莉平，
李宁著. -- 北京 : 中国水利水电出版社，2023.9
ISBN 978-7-5226-1803-6

Ⅰ．①寒… Ⅱ．①王… ②李… Ⅲ．①寒冷地区—岩
体—裂隙—成冰作用 Ⅳ．①TU43

中国国家版本馆CIP数据核字(2023)第175464号

| | | |
|---|---|---|
| 书　　　名 | **寒区岩体裂隙中水分迁移及成冰机理研究**<br>HANQU YANTI LIEXI ZHONG SHUIFEN QIANYI JI CHENGBING JILI YANJIU | |
| 作　　　者 | 王莉平　李　宁　著 | |
| 出 版 发 行 | 中国水利水电出版社<br>（北京市海淀区玉渊潭南路 1 号 D 座　100038）<br>网址：www.waterpub.com.cn<br>E - mail：sales@mwr.gov.cn<br>电话：(010) 68545888（营销中心） | |
| 经　　　售 | 北京科水图书销售有限公司<br>电话：(010) 68545874、63202643<br>全国各地新华书店和相关出版物销售网点 | |
| 排　　　版 | 中国水利水电出版社微机排版中心 | |
| 印　　　刷 | 天津嘉恒印务有限公司 | |
| 规　　　格 | 184mm×260mm　16 开本　7.75 印张　152 千字 | |
| 版　　　次 | 2023 年 9 月第 1 版　2023 年 9 月第 1 次印刷 | |
| 印　　　数 | 0001—1000 册 | |
| 定　　　价 | **60.00 元** | |

# 前言

我国寒区面积为 417.4 万 $km^2$，占陆地面积的 43.5%，主要分布在我国东北部和西部高原地区。这些区域分布有丰富的森林、水利和地矿资源，同时伴随着我国西部大开发、振兴东北老工业基地及"一带一路"等发展战略的实施，有越来越多的寒区工程项目开工建设或进入项目前期筹备阶段，如区域重大交通战略工程——川藏铁路，丝绸之路经济带项目——中尼铁路及公路等。冻胀风化是寒区基岩风化的主要原因，岩质边坡在冻胀风化作用下逐渐破碎化，构成了滑坡、崩塌等地质灾害的物质基础，同时高寒山区多处于地质构造活动强烈地带，具有相对高差大、山坡陡峭和河谷深切等特点，二者结合起来往往使得工程沿线灾害频发。如天山公路沿线岩质边坡灾害调查结果显示：崩塌总方量近 300 万 $m^3$，共有 86 处典型崩塌；川藏沿线康定——林芝段对拟建工程存在潜在危害或影响的崩滑灾害共有 148 处，其中，滑坡有 89 处，崩塌 59 处；中尼公路 G314 奥依塔克——布伦口段约 70km 长度上发育有 37 处崩塌，在植被稀疏、冻融作用强烈的高海拔地区（大于 2500m）以上崩塌发育有 26 处，占崩塌总数的 70%。这些滑坡、崩塌会导致道路工程推移、掩埋和毁损，会威胁隧道进出口、桥台、站场及车站等的安全，同时滑坡、崩塌也有可能转化为洪水、泥石流等灾害链，间接对道路工程造成危害。

裂隙中冰夹层的出现及生长是岩体冻胀风化的重要特征及成因，既有冻胀风化的研究中多以可视为孔隙介质的土体或岩石为对象，而实际寒区工程边坡多为不饱和裂隙岩体，难以直接用现有的原位冻胀或分凝冰机理解释相关冰层出现及生长过程。寒区岩体裂隙中水分迁移及冰层生长机制的明确，一方面丰富了寒区工程理论，为宏观非饱和裂隙岩体的损伤劣化研究提供理论基础；另一方面有助于理解滑坡崩塌中物质因素的形成过程及相关条件，在此基础上提出相应工程措施阻止基岩的进一步寒冻风化，从而降低浅表层地质灾害风险，为寒区的设计、施工及运营提供一定的理论和实践基础。

本书以岩体裂隙在温度梯度作用下的水分迁移及其中的成冰机理为主

要目标，展开相应的试验及理论研究，具体内容包括岩体裂隙中液态迁移的影响因素分析，推导了平行板裂隙中静、动力毛细水上升公式，明确了岩体裂隙中影响气态迁移的因素，并建立了气体迁移公式，提出了岩体裂隙中气态迁移导致的两种成冰机理，并基于第一种成冰机理建立了相应的模型。

全书共分为7章，第1章介绍了基岩寒冻风化的研究背景及进展；第2章介绍了温度梯度作用下岩体中水分迁移通道及水分迁移形态；第3章介绍了垂直平行板裂隙间液态水迁移；第4章介绍了岩体裂隙中成冰机理试验；第5章介绍了低温岩体裂隙中气态水迁移机理；第6章介绍了岩体裂隙壁面上霜层生长模型及影响因素；第7章介绍了水蒸气-预融水膜迁移机理。

本书主要由王莉平、李宁编写完成。此外，课题组其他成员对本书的研究成果也做出了贡献，未能一一列出，在此对所有参与课题研究的人员，以及对课题研究和本书编写提供指导的专家同行表示由衷的感谢。本书的出版得到了国家自然科学基金面上项目（No.42172314）和西北旱区生态水利国家重点实验室的资助，在此一并表示感谢。

由于作者的水平和经验有限，书中不足和疏漏之处在所难免，恳请同行与读者批评指正。

**作者**

谨识于西安理工大学

2023 年 4 月

# 目　　录

前言

第1章　绪论 ……………………………………………………………… 1

1.1　研究背景 …………………………………………………………… 1

1.2　研究对象及研究意义 ……………………………………………… 3

1.3　研究现状 …………………………………………………………… 3

1.4　研究思路及研究内容 ……………………………………………… 18

第2章　温度梯度作用下岩体中水分迁移通道及水分迁移形态研究 …… 20

2.1　设计思路 …………………………………………………………… 20

2.2　模型材料及试样制作 ……………………………………………… 20

2.3　试验装置 …………………………………………………………… 21

2.4　试验步骤 …………………………………………………………… 22

2.5　试验结果及分析 …………………………………………………… 23

2.6　水分迁移位置及形态分析 ………………………………………… 26

2.7　本章小结 …………………………………………………………… 29

第3章　垂直平行板裂隙间液态水迁移研究 …………………………… 30

3.1　垂直平行板裂隙间液态水迁移试验 ……………………………… 30

3.2　垂直平行板裂隙间液态水迁移理论分析 ………………………… 35

3.3　岩体垂直平行板裂隙间液态水迁移分析 ………………………… 40

3.4　本章小结 …………………………………………………………… 45

第4章　岩体裂隙中成冰机理试验研究 ………………………………… 47

4.1　设计思路 …………………………………………………………… 47

4.2　试样的准备和试验方法 …………………………………………… 48

4.3　试验装置 …………………………………………………………… 49

4.4　试验步骤 …………………………………………………………… 52

4.5　试验结果及分析 …………………………………………………… 53

4.6　本章小结 …………………………………………………………… 58

第5章　低温岩体裂隙中气态水迁移机理研究 ………………………… 60

5.1　常温下水蒸气在开放岩体裂隙中的迁移 ………………………… 60

5.2 裂隙壁面结霜条件下水蒸气在岩体裂隙中的迁移 ·················· 63

5.3 本章小结 ······························································· 64

**第6章 岩体裂隙壁面上霜层生长模型及影响因素分析** ··········· 65

6.1 岩石壁面上霜层生长模型 ············································ 66

6.2 模型应用及验证 ······················································ 69

6.3 岩石裂隙壁面结霜影响因素分析 ··································· 80

6.4 低温岩体裂隙中气态水迁移的影响因素 ·························· 81

6.5 本章小结 ······························································· 82

**第7章 水蒸气-预融水膜迁移机理研究** ·························· 83

7.1 水平裂隙中冰层成因分析 ············································ 83

7.2 水蒸气-预融水膜迁移机理 ·········································· 84

7.3 本章小结 ······························································· 103

**参考文献** ································································· 104

# 第 1 章  绪　　论

## 1.1　研　究　背　景

### 1.1.1　寒区地质灾害频发及地形地貌的演化

欧洲及南北极地区的现场调研及长期监测表明，冻胀风化是寒区基岩风化的主要原因[1-3]，当气温变化强烈或冰川退化时，这些遭受冻胀风化的岩体强度降低，甚至导致山体崩塌，造成严重的地质灾害。近些年记录在册的崩塌量大于 100 万 $m^3$ 的岩质边坡塌方有：美国阿拉斯加 Steller 峰 [$5(\pm 1) \times 10^7 m^3$，2005 年]、俄罗斯高加索地区 Dzhimarai - khokh 峰（$4 \times 10^6 m^3$，2002 年）、加拿大育空地区 Steele 峰 [$5.5(\pm 2.5) \times 10^7 m^3$，2007 年]、加拿大不列颠哥伦比亚省的 Harold Price 峰（$1.6 \times 10^6 m^3$，2002 年）以及意大利的阿尔卑斯山区的 Brenva 峰（$2 \times 10^6 m^3$，1997 年）和 Punta Thurwieser 峰（$2 \times 10^6 m^3$，2004 年）[4-9] 以及很多其他的小型塌方和落石事故[10-11]。

长期的冻融循环作用还会导致岩石解体，产生大量的岩石碎片，影响流域盆地内的运输和沉积过程，结合其他风化及运移作用，控制寒区地形地貌的演变[12]。

### 1.1.2　寒区工程的日益增多

全世界有 3576 万 $km^2$ 的多年冻土，约占陆地面积的 24%。在我国，依据陈仁升等[13] 提出的划分标准，寒区面积为 417.4 万 $km^2$，占陆地面积的 43.5%，主要分布在我国的东北部和西部高原地区。这些区域分布有丰富的森林、水利和地矿资源，同时伴随着我国西部大开发、振兴东北老工业基地及"一带一路"等发展战略的实施，在寒区会建设越来越多的工程。

已建成运营或正在修建的相关工程中，面临着许多特有的问题（相对暖区和热区而言）：边坡的冻融剥蚀、滑塌，隧道围岩的冻胀失稳，混凝土冻胀剥蚀，冻融循环引起路基强度的变化及产生纵向裂缝等病害。例如我国甘肃七道梁隧道，由于冬季排水沟冻结而使隧道排水不畅，造成衬砌背后产生冻胀现象，诱发衬砌混凝土开裂，隧道渗漏、路面结冰，影响行车安全[14]；天山公路沿线岩质边坡灾害调查结果显示：崩塌总方量近 300 万 $m^3$，共有 86 处典型崩塌[15]。此外，在一些特殊工法（如冻结法）及一些特殊工程（如低温地下储库）中也会遇到相应的低温工程问题。

### 1.1.3　岩石材料在建筑行业的广泛使用

自古以来，各类岩石在建筑行业广泛应用，并成为传承历史文化的载体。例如我国著名的莫高窟、云冈石窟、龙门石窟及麦积山石窟等因超高的艺术建筑表现形式及极高的历史文化价值，先后入选《世界遗产名录》，成为闻名世界的历史文化遗产。这四座石窟中，除了莫高窟因环境极度干旱而使得冻融风化影响很小外，其他三座石窟均会在冬季经历冻融循环作用，结合其他风化作用，这些石窟在漫长的历史岁月中毁损严重。以麦积山石窟为例，据 20 世纪 70 年代初期的调查，当时现存的 194 个洞窟中，大部分塌毁的有 63 个洞窟，小部分塌毁的有 28 个洞窟，另外受纵横裂隙切割破坏的有 69 个洞窟，只有 34 个洞窟保存相对完好[16]。而经历了 1500 多年的云冈石窟，同样风化严重，如 16 号～19 号窟外壁上原来密布的大小千佛造像，现已基本风化殆尽，无法辨认。此外，许多石窟内的窟顶雕刻已呈板状剥落，局部窟顶岩石有崩塌、掉块的危险等[17]。

在世界范围内，许多承载重大历史文化意义的石材建筑，如罗马竞技场、土耳其希拉波里斯古剧场、德国布克豪森古城堡、意大利圣彼得小教堂和万神殿等[18] 在长期反复冻融循环作用下的损伤亦不可忽视。此外，现代的建筑工程中，建筑石材同样得到广泛的应用，如室外地面铺贴、墙面外饰材料、大量的石刻雕塑等，当处于寒区环境中经受长期的冻融循环作用时，石材也会不断发生损伤劣化。

### 1.1.4　太空探索

火星是太阳系中最近似地球的天体，直径约为地球的一半，自转轴倾角、自转周期则与地球相当，有着与地球类似的四季更替，一个火星日几乎和地球日一样长。如果太阳系存在地外生命，火星一定是最有可能的那一个。火星研究一直是太空探索中的热门研究方向，除了满足人类自身的好奇心外，很可能在未来对于人类自身的生存及延续带来不可估量的价值。

目前对于火星的地质勘探表明，火星地层中分布有大量的冰层，有的冰层厚度甚至超过 100m[19]，对于这些冰层的形成机理尚缺乏统一认识。岩体中成冰机理的研究有可能为火星中冰层的形成提供新的解释，进而推断火星地层的进化及演变历史。

### 1.1.5　冻岩与冻土的巨大差异

依据所处地层的不同，寒区工程问题可分为冻土问题与冻岩问题。寒区建设的工程早期主要穿越冻土地层，因此，冻土中相关的研究起步较早，开展了大量的试验、数值及理论研究，并取得了较为丰硕的成果。以土中的冻胀机理研究发展为例：由早期的原位冻胀机理，到冰分凝理论的提出与验证[20-21]，及近期的土颗粒中分子力导致水膜的存在及迁移理论等[22-23]。岩体是一个更为复杂的研究对象，是由岩石和节理、裂隙等组成的复杂二相体，对于其中的部分孔隙性岩石，如石灰岩、页岩、砂岩等，由于其孔隙的不连通性或弱连通性，既有冻胀机理方面的研究表明与土体存在差异[24-31]，而对于更为广泛的"岩石＋裂隙"的岩体而言，其中的冻胀机理尚缺乏认识。

以上不同背景中涉及的核心问题之一为岩体中的冻胀机理，而裂隙中冰层的出现则是冻胀的重要表现，本书以低温条件下岩体裂隙中的水分迁移及成冰机理为主要的研究目标展开工作。

## 1.2　研究对象及研究意义

岩体的寒冻风化包括冻胀和融化两个过程，前者是指岩体孔隙或裂隙中冰晶的形成并生长导致岩石开裂或裂缝的进一步扩张，后者是指当温度升高时，冰晶的融化使得岩体变得松散破裂，导致落石、崩塌等地质灾害发生，甚至可能引发大面积的滑坡，同时，融化的水沿着新生成的裂隙继续入渗，又加剧了下一循环的冻胀效应。可见冻胀开裂是岩体寒冻风化的关键过程，而冻胀开裂的表现之一则是裂隙中冰层的出现，本书以寒区基岩中的裂隙冰层为研究对象，通过试验、理论分析及数值模拟的方法研究其形成过程、影响因素，并最终揭示其相关机理。

裂隙中冰层的形成过程、影响因素及相关机理的明晰有助于深入理解寒区基岩地层的寒冻风化过程，一方面可以利用这些研究成果预测基岩中寒冻风化发展程度，预防相关地质灾害的发生，解释寒区地形地貌的变化；另一方面为解决寒区基岩工程中的相关问题，如岩质边坡的稳定性、户外岩石建材的安全性及耐久性、基岩路基及隧道出入口围岩的冻胀开裂等提供理论依据，甚至可用来解释火星中的冰层出现机理，为未来人类对火星冰的利用奠定基础。

## 1.3　研　究　现　状

岩体冻胀的影响因素及相关机理研究主要集中在现场观测、室内试验及理论分析方面，具体内容如下。

### 1.3.1 岩石冻胀的现场观测

冻土研究表明，在易冻土中的活动层与永久冻土之间往往存在分凝冰层，这些冰层只有在夏季极端天气的情况下才会融化[32-33]。在寒区基岩观察到了类似的现象，如 Büdel et al.[34] 在北极附近的 Barents 岛西南部的永久冻土层的沉积岩层（石灰岩、页岩及长石砂岩）中发现了同样的冰层，其后在加拿大的 Melville 岛、Ellesmere 岛及北极西部海岸附近发现了类似的冰层[35-37]，均位于中生代沉积岩中的永久冻土上边界附近。课题组同样在青海木里煤矿边坡基岩中发现了类似冰层的存在。

随着科技的进步，越来越多的技术或手段可以直接用来监测现场岩体的温度变化、水分变化及裂缝发展过程。如 Sass[38] 对巴伐利亚阿尔卑斯山脉基岩的水分监测（图 1.1）表明：基岩表层 10～15cm 范围内的含水量随外界条件的变化波动很大（0～100％），而深层（＞70～80cm）基岩中含水量基本不变，且接近饱和（＞80％），间接表明了冻融循环在岩石破裂中的重要性。

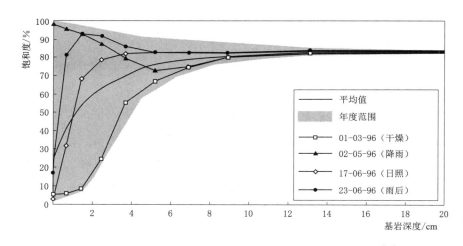

图 1.1 巴伐利亚阿尔卑斯山区近地表基岩中饱和度变化图[38]

Matsuoka et al.[39-40] 通过对瑞士阿尔卑斯山区基岩的长期连续的监测（温度及裂缝）获取了其裂缝发展的直接证据：湿润的岩体在每年的冻融循环时节、秋季的轻微冻融循环时节及早夏时节，裂缝的张开-闭合的量级为 $10^{-1}$mm [见图 1.2（a）]，比较显著的开裂通常发生在 0℃锋线附近 [见图 1.2（b）]。

相比年度冻融，季节性冻结的进程要缓慢得多，但会深入到基岩中；而年度冻融深度则会随着岩石的表面冻融指数、导热系数和水分含量的变化而变化，深度可能达到数米[41-43]。

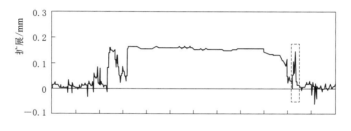

（a）裂缝扩展2004—2005年

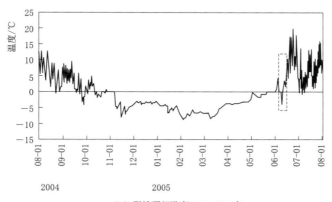

（b）裂缝顶部温度2004—2005年

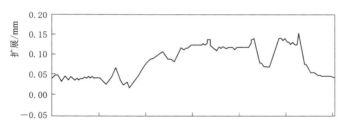

（c）裂缝扩展2005年春季

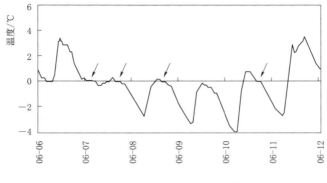

（d）裂缝顶部温度2005年春季

图 1.2　瑞士阿尔卑斯山区一处页岩岩壁 2004—2005 年裂缝扩展及
温度（a、c），2005 年春季裂缝扩展及温度（b、d）

### 1.3.2 岩石冻胀的两种机理

针对岩石中夹冰裂隙的形成及发展过程，目前存在两种解释，分别为原位冻胀机理和冰分凝机理。

#### 1.3.2.1 原位冻胀机理

原位冻胀是指当岩体中的孔隙或裂隙饱和或接近饱和时，当环境温度降至 0℃以下时，这些水分原地冻结，水变成冰时产生约 9% 的体积膨胀导致岩体开裂或既有裂缝扩张，又出现夹冰裂隙。理论上而言，当温度为 -22℃ 时，冰的增长会在裂隙内部产生约 207MPa 的应力，远大于岩石的抗拉强度，即便温度较高时，冰的增长造成的应力也足以导致岩体开裂或既有裂隙扩展[44]。原位冻胀机理简明易懂，符合人们对于水变成冰时的直观观察，因此在很长一段时间内一直被认为是导致岩石冻胀开裂的主要原因。

原位冻胀导致岩石开裂的原因除了水变成冰时产生的 9% 的体积膨胀外，还有可能是间接的水力压裂[45]，例如 V 形饱和裂隙从开口处向下发生冻结时，可能会在 V 形裂隙尖端处产生足够大的水压力，导致裂隙发生进一步开裂。如对加拿大 Shield 地区的一处基岩冻土活动层中的监测表明[46]，当某处饱水裂隙自地表开始降温冻结时，地下 2m 处的水压力可达 0.4MPa，可能会导致某些基岩发生开裂；Davidson et al.[47] 在有机玻璃块体中预制了一个狭缝（图 1.3），其中充满水，然后自开口向裂尖冻结，利用光弹效应来量测因水冰相变膨胀而作用在缝壁上的力。试验表明随着冻结锋面不断向下推进，相变引起的体积膨胀相应增加。由于裂隙壁面的渗透系数极低，未冻水压无处消散，使得裂缝内的未冻水承受的水压力持续增加。试验过程中冰-水界面处未冻水压力达到了 1.1MPa，该值已经达到甚至超过了部分岩石的抗拉强度值，因此裂尖处的应力值促使裂隙进一步扩展。

Matsuoka[48-49] 采用花岗岩进行了类似的试验（图 1.4），试验表明在 -1～0℃ 范围内裂隙隙宽扩展最快，此时的最大膨胀变形仅为 0.1%，远小于通常所说的冰水相变的 9%（即裂隙在相变膨胀完全发挥前已开始扩展）。低于 -2℃ 后降温对裂隙扩展影响甚微。

原位冻胀机理发生的核心因素为饱和或接近饱和状态下的裂隙或孔隙中的水分在降温条件下无法逃逸，即处于一个封闭系统中，这就要求要么岩体从四周同时降温，要么一端降温，但裂隙或孔隙相对独立，不与其他裂隙或孔隙连通，且周围岩石的渗透系数很小。对于现场而言，以上条件相对苛刻，仅在少数情况下会出现，如岩石边坡表层的几厘米饱和岩层或类似 V 形饱和裂隙从开口处向下降温，且周围岩石渗透性很差的情况下。

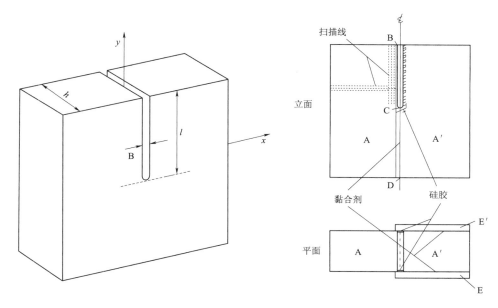

图 1.3　光弹试验模型图[47]

由于原位冻胀发生的条件在自然界中相对少见，难以解释诸如在挪威、加拿大北极地区观察到的基岩中广泛存在的冰夹层[34-37]。Walder et al.[24-25] 对基岩中的原位冻胀机理提出了质疑。

**1.3.2.2　冰分凝机理**

Taber[20-21] 经过一系列试验后认为导致地面隆起的冻胀与水变成冰时的密度减小、体积增大无关，而是由于冰透镜体在迁移水分的补给下不断增长所致，即冰分凝机理。即便利用冻结时体积会发生收缩的液体来代替水[21]，同样会在土体中产生冻胀。借鉴冻土中的水分迁移及冰分凝理论，Walder 和 Hallet[24-25] 建立了由于冰分凝而导致的岩石冻胀开裂的理论模型（W-H 模型）。

1. 冰分凝模型

试验表明：①0℃之下，陶瓷[50]、土[21,51] 及岩石[52-53] 中仍保有大量的未冻水；②无论是冻土还是冻岩，未冻水均倾向于向冻结区迁移[54-58]。与水分迁移导致的相关冻胀力在土层中可达到或超过 20MPa[59]，若在岩石裂缝中存在如此大的冻胀力，则足以导致地表附近绝大多数岩石开裂破坏。基于这些试验的结论，借鉴冻土中冰分凝理论[20-21,60]，同时结合断裂力学的相关研究成果，Walder 和 Hallet[24-25] 提出了岩石中基于冰分凝理论的冻胀开裂模型。

如图 1.5 所示，与土体中的冻结缘模型类似，假设岩石中的冻结区与未冻结区之间存在冻结缘，冻结缘中的部分孔隙水冻结，但水分仍可通过预融水膜向分凝冰处迁移。

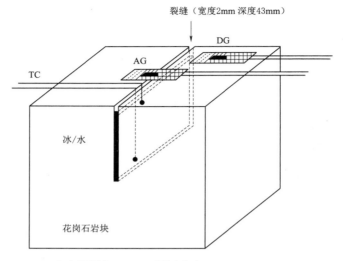

AG（主动式测量仪）；DG（补偿应变片）；
TC（热电偶）

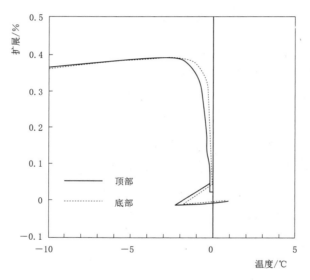

图 1.4　冻结裂隙岩体试验[48-49]

　　裂缝开裂速度与冰压力之间的关系：将岩石中的裂缝均视作币形裂缝，即从平面上看裂缝为圆形，半径为 $c$；以剖面上看，最大宽度为 $w$，到边缘逐渐递减为 0。

　　借鉴固体断裂力学中相关研究成果，同时假设：①裂缝之间的距离足够大，每个裂缝均发生独立扩展；②每个裂缝的扩张均发生在同一平面上，且仅由内部均一的冰压力导致。因此，所有裂缝的扩张均归属为 I 型裂缝[61]。

　　在以上条件下，裂缝在弹脆性介质中的扩展是由断裂因子 $K_{\mathrm{I}}$ 控制。对于半径为 $c$，内部冰压力为 $p_{\mathrm{i}}$ 的裂缝而言，有[62]

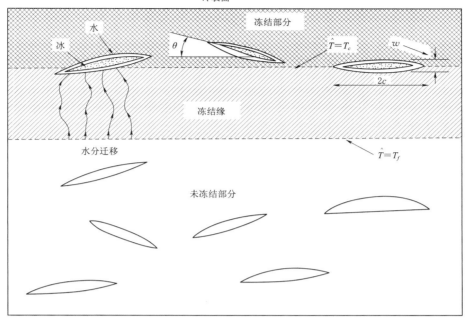

图 1.5 岩石冻胀开裂示意图

$$K_{\text{I}} = \left(\frac{4c}{\pi}\right)^{\frac{1}{2}} p_i \tag{1.1}$$

当币形裂缝的初始张开量 $w$ 趋近无穷小时，式（1.1）是完全准确的，当 $w \ll c$ 时得到的结果也足够精确。但压力下的裂缝张开成为一个扁椭球，最大张开量可表示为[62]

$$\frac{w}{c} = \left(\frac{4}{\pi}\right)\left(\frac{1-\nu}{\mu}\right) p_i \tag{1.2}$$

式中：$\nu$ 和 $\mu$ 分别为岩石的泊松比和剪切模量。

当 $K_* < K_{\text{I}} < K_C$ 时，Ⅰ型裂缝发生缓慢、稳定的扩展。其中 $K_*$ 为应力腐蚀极限，当 $K_{\text{I}} < K_*$ 时，裂缝停止扩展；$K_C$ 为断裂韧性，当 $K_{\text{I}} > K_C$ 时，裂缝会以接近压缩弹性波的速度，发生非稳态的扩展。

假设冰和水为纯净水，不含其他化学成分，同时假设在很小范围内温度对于材料特性，如 $\mu$、$\nu$ 和 $K_C$ 的影响忽略不计，同时试样不存在上覆荷载的影响，裂缝扩展速度 $V$ 可表示为[63]

$$V = V_C \left[ e^{\gamma\left(\frac{K_1^2}{K_C^2}-1\right)} - e^{\gamma\left(\frac{K_*^2}{K_C^2}-1\right)} \right] \tag{1.3}$$

式中：$V_C$ 和 $\gamma$ 为材料参数。

为了估算裂缝中冰的增长量，类似 Gilpin[60] 关于冻土中水分迁移的相关假设，

Walder 和 Hallet 同样假设通过冻结缘的水量与驱动水分迁移的热力势能成正比（即与达西定律的形式类似），则单位时间单位裂缝面积上增加的冰量为

$$V_s = \left(\frac{v_s^2}{g v_L}\right)\left(\frac{1}{R_f}\right)\left[\frac{L(-T_c)}{v_s T_a} - p_i + P_{Lf}\right]\cos\theta \qquad (1.4)$$

式中：$v_s$、$v_L$ 分别为冰和水的比容；$g$ 为重力加速度；$L$ 为冰的相变潜热；$T_a$ 为绝对温度，取为 273.15K；$P_{Lf}$ 为冻结缘底部（暖端）相对于大气压力的水压；$T_c$ 为裂缝壁面的温度；$\theta$ 为裂缝平面和等温线之间的夹角。

与此同时，裂缝发生冻胀扩展期间水量守恒，则裂缝中水量的变化速度可表示为

$$\frac{dM_c}{dt} = \frac{\pi c^2 V_s}{v_s} \qquad (1.5)$$

将式（1.5）代入式（1.4）中可得：

$$\frac{dM_c}{dt} = \frac{\pi c^2 v_s}{g v_L}\left(\frac{1}{R_f}\right)\left[\frac{L(-T_c)}{v_s T_a} - p_i + P_{Lf}\right]\cos\theta \qquad (1.6)$$

假设裂缝形状一直为椭球形，裂缝的体积则为 $2\pi w c^2/3$，裂缝中水量的变化速度又可表示为

$$\frac{dM_c}{dt} = \left(\frac{2\pi}{3V_s}\right)\left(c^2\frac{dw}{dt} + 2wc\frac{dc}{dt}\right) \qquad (1.7)$$

联立式（1.6）和式（1.7），可得：

$$\frac{dw}{dt} = \left(\frac{3v_s^2}{2g v_L}\right)\left(\frac{1}{R_f}\right)\left[\frac{L(-T_c)}{v_s T_a} - p_i + P_{Lf}\right]\cos\theta - 2\left(\frac{w}{c}\right)\left(\frac{dc}{dt}\right) \qquad (1.8)$$

考虑到此系统为开放系统，即水分可以自由地流入或流出，可将 $P_{Lf}$ 视为 0，忽略不计；将 $T_c$ 视为定值，或以给定的速度变化；参考不同结晶和沉积岩中的试验结果[64]，取 $T_f = -1℃$，则冻结缘中的温度梯度为定值，或者以给定的速度发生变化。最终，式（1.1）～式（1.3）和式（1.8）可用来描述裂缝的扩展。

**2. 岩石中冰分凝机理的试验验证**

自 Walder 和 Hallet 提出岩石中的冰分凝机理后，学者们先后以不同岩石为对象进行了室内冻胀或冻融循环试验，以验证冰分凝机理在不同岩石中的适用性。

Matsuoka et al.[49] 等对 28 种沉积岩、18 种变质岩及 1 种火成岩进行了饱和条件下的冻融循环试验研究。这些岩石被切割成 5cm×5cm×5cm 的小块试样，真空饱和 72h 后，试样的 1/3 浸入水中，然后将装有浸水试样的容器置于冻融循环箱内。单个冻融循环为 12h，分别为 6h 冻结（-20℃）和 6h 融化（20℃），对于孔隙性岩石每 2～10 次循环测纵波波速 $V_p$，对于致密性岩石每 20～100 次循环测纵波波速 $V_p$，总共进行 1000 次冻融循环。

Matsuoka et al.[49] 构建了一个冻胀破碎率的指标 $R_f$：

$$R_f = \frac{V_{p0} - V_{pk}}{V_{p0} K} \tag{1.9}$$

式中：$V_{p0}$ 为试样初始纵波波速；$V_{pk}$ 为试样经历 $K$ 次冻融循环后的纵波波速；$K$ 为试样经历的冻融循环次数。

Matsuoka et al.[49] 分别研究了 $R_f$ 与 $n$（孔隙率）、$S_t$（抗拉强度）、$S_w$（比表面积）及 $\bar{r}$（平均孔隙半径）之间的关系，结果表明 $R_f$ 无法用以上任何一个单一指标来表示。从冻胀机理出发，分别以原位冻胀、毛细理论及基质吸力理论构建表征岩石特性的指标，并研究此指标与 $R_f$ 之间的关系。结果表明，对此种饱和开放系统下的冻融试验而言，大部分的冻胀破碎率与基质吸力导致的水分迁移相关程度较高，但对于沉积岩，冻胀破碎率与 9% 的原位冻胀也有一定的相关度。

Hallet et al.[26] 对 Berea 砂岩进行了冻胀试验，Berea 砂岩的抗拉强度约为 3MPa，大致可归类为软—中等硬度的岩石，试样为 50mm×50mm×300mm（长×宽×高）的长方体，试样初始状态为饱和，底部保持正温且连接有补水装置，使得补水水位恒定在试样底部向上 5cm 处，顶部温度在 −15～−4℃ 变化，试样侧面涂了几层塑料漆以防止水分散失，试样中埋设了测温元件用以监测其中的温度变化情况，试样侧面安装了声发射传感器及脉冲发射器用以监测冻胀过程中的裂缝发展情况。Berea 砂岩的冰点为 −0.2℃，而试验中监测到的微裂缝多产生在 −6～−3℃ 情况下，与 W-H 模型预测结果吻合，由此间接推断 Berea 砂岩的冻胀开裂是由水分迁移引起的冰分凝所致。同时此试验也说明导致岩石冻胀风化并不需要经历冻融循环或温度持续下降，在一个相对稳定的低温下，裂缝会持续开展，通常意义上认为的冻融循环对岩石风化的影响可能更大程度上是给岩石内部造成了温度梯度，加剧了其中的水分迁移作用。

Akagawa et al.[27] 对凝灰岩进行了冻胀试验。凝灰岩的抗拉强度为 1.4MPa，属于软岩，孔隙结构、矿物组成等均与易冻土类似。试样尺寸为 290mm×290mm×250mm（长×宽×高）的方柱，一共有 A、B 两块试样，每块试样的初始饱和度不同，分别为 92% 和 100%；试样底部为暖端，保持在 4℃，顶部为冷端，分别为 −14.5℃ 和 −14.9℃，沿着试样高度方向共预置 10 个热电偶，间距为 5cm，监测试样内部的温度变化。试样侧面用 1mm 厚的弹性硅橡胶包裹以防止水分从侧面流失。试样底部外接有补水池，通过内置的电动水深计测量水分迁移情况。试样 A 和 B 分别经历了约 1375h 和 1000h 的冻胀，通过分析冻胀曲线及水分迁移情况，可将试样的冻胀划分为三个阶段：①原位冻胀主导阶段：试样 A 和试样 B 在试验前 20h 的吸水曲线的斜率均为负，表明在这一个阶段原位冻胀是主导地位，试样内部的水分在原位冻胀作用下向外渗流；②原位冻胀向冰分凝转化阶段：对试样 A 而言，当 $t=20\sim55h$ 时，对试样 B 而言，当 $t=20\sim65h$ 时，吸水速度变为正且逐渐增大，说明在此阶段原位冻胀作用逐渐减弱，取而代之的是冰分凝作用开始加剧；③冰分凝主导阶段：对试样 A 而言，当 $t>55h$，对试样 B 而言，当 $t>65h$ 后，冻胀速度与吸水速度的比值约为 1.09，表明在此阶段，冰分凝是导致冻胀产生的主要机理。试验结束后，在试样 A 和试样 B 的 0℃锋线附近均出现了若干条接近水平的裂缝，其中各有一条主裂缝中包含有明显的分凝冰层，厚度分别约为 3cm 和 2cm。Hallet 和 Akagawa 的试验均是对岩石进行带有补水条件的单向冻胀，而寒区基岩中的实际情况则是随着季节更替，表层的基岩处于不断的冻融循环中，且地表的降雨和降雪同样也会成为水分的补给来源。

为了取得与真实情况更为接近的室内寒冻风化模拟结果，Murton et al. 设计了永久冻土和季节冻土中基岩冻融风化的试验装置[28-29]，并利用此装置对石灰岩进行了不同条件下的冻融循环试验[30]。试验共分为两组：第一组为双向冻结条件，即试样下半部分始终处于冻结状态，上半部分经历反复的冻融循环，模拟永久冻土中上层季节性冻土的冻融情况；第二组为单向冻结条件，即试样基底保持为正温，上半部分经历反复的冻融循环，模拟季节冻土层中基岩的情况。每一组中均包括 4 块初始含水量不同的石灰岩，当进入融化阶段时，从表面喷洒补水，模拟夏季降雨及地面积雪融化情况。

试验总共进行了约 400 天，初始试样是完整、无可见裂缝的，当试验结束后，典型的试样如图 1.6 所示，图 1.6（a）所示为经历双向冻结的试样，在永久冻土层的顶部，活动层的底部出现若干水平裂缝，其中的分凝冰清晰可见。图 1.6（b）所示为单向冻结试样，在接近表面的位置出现大量由分凝冰导致的裂缝。

试验结果表明：①分凝冰是导致此种岩石冻胀风化开裂的原因而非原位冻胀：试样开裂扩张处的饱和度均小于 65%，若是原位冻胀，则要求相应的饱和度大于或等于 91%，另外，在融化阶段也测到有冻胀发生，这一点也不符合原位冻胀的相应要求；②冻结条件决定了岩石冻胀裂缝出现的位置：双向冻结时，裂缝主要出现在永久冻土顶面，活动层底面附近，单向冻结时，裂缝位于地表附近。这种区别反映了热量和水传递方向的差异：单向冻结时促使水分向上迁移，有助于分凝冰在地表附近形成，而双向冻结时，活动层中的水分会向上或向下迁移，导致了不同位置分凝冰及裂缝的形成；③对于双向冻结条件而言，岩石的冻胀开裂在活动层的冻结和融化阶段（对应实际中的晚夏时节）均有发生，且融化阶段的冻胀量更大。

利用 Walder 和 Hallet 提出的孔隙性岩石中的冻胀开裂模型对相应的试验进行数值模拟，相应结果与试验时的裂缝出现位置高度吻合。

（a）经历24次冻融循环后的双向冻结的岩石试样　　　　　（b）经历30次冻融循环后的单向冻结的试样

图 1.6　岩石中由于分凝冰导致的开裂

以上试验结果与早期在斯瓦尔巴特群岛（属于挪威的特罗姆瑟地区）和加拿大靠近北极地区永久冻土中表层基岩中分凝冰层的分布状况类似。值得注意的是，这些基岩均为孔隙性的沉积岩石，诸如石灰岩、页岩和砂岩等[34-37]。

### 1.3.3　低温岩土体中水分迁移机理

水分迁移是冰层生长的核心要素，目前关于低温下水分迁移的相关研究主要集中在冻土领域，低温岩体中的水分迁移相对较少。自 20 世纪末以来，学者们先后提出 14 种关于冻土中水分迁移驱动势的假说[65]，这 14 种假说可分为 4 种基本观点[66]：①流体力学热力学观点；②物理力学观点；③结晶力观点；④构造形成观点。无论是各假说还是 4 种基本观点都不是孤立存在的，而是彼此互为补充的。目前被大家广泛接受的水分迁移机制主要有毛细水迁移理论及薄膜水迁移理论，近期的研究也让水汽迁移理论逐渐走入冻土研究学者的视野。

#### 1.3.3.1　毛细水迁移理论

1885 年俄国工程师斯图金伯格提出了毛细作用力下的水分迁移理论假说。该理论认为，水在毛细作用力的作用下，沿着土体中的裂隙和"冻土中的孔隙"所形成的毛细管向冻结锋面迁移。100 多年前，为了解释土冻结过程中水分迁移过程、驱动机制和驱动力特征，早期冻土学界视土体中的连通孔隙为毛细管结构，以表面张力理论为基础，以毛细作用力为水分迁移驱动力，认为不同相（水相和冰相）之间具有压力差，逐步发展提出了描述正冻土水分迁移的理论模型，其结果在一定范围内与试验结果一致，因而被广泛认可和采用[20,68-69]。随后以 Everett[70] 为代表的很多研究者在 Taber 模型的基础上发展了一套由冰-水界面张力驱动水分流动的毛细理论。Everett 以热力学原理为依据给出了用水-冰相应力差表示的驱动力表达式：[70]

$$u_i - u_w = 2\sigma_{iw}/r_{iw} \tag{1.10}$$

式中：$u_i$、$u_w$ 分别为冰和未冻水的压力；$\sigma_{iw}$ 为冰水界面的表面张力；$r_{iw}$ 为冰水界面的曲率半径。

其主要思想是，冻结过程与土脱湿过程类似，冰-水界面类似于水-气界面，存在冰-水界面张力，并提出了冰压力 $p_i$ 的概念，采用克拉伯龙方程描述冻结过程中的热力学平衡。毛细水迁移理论通常采用杨-拉普拉斯表面张力方程定义冰-水界面的毛细力，结合未冻水、冰相平衡时的克拉伯龙方程对土体冻胀进行建模，并可定量估计冰透镜体生长时的冻胀力上限，模型中毛细孔隙的尺寸是影响水分迁移和冻胀的重要参数。

毛细理论被早期的很多试验所证实，但仅限于温度很接近冻结温度 $T_m$ 的条件下。当温度远离 $T_m$ 时，毛细理论的结果与试验结果差距较大。如根据毛细理论，冻胀仅在一定温度范围下才能发生，当温度低于孔隙冰临界温度 $T_p$，冻胀将因为"毛管阻塞"效应，导致未冻水无法迁移而终止，但很多试验发现温度低于 $T_p$ 时冻胀过程仍然可以持续。毛细理论模型所预测的冻胀速率偏高，计算冰分凝时细粒土中的最大冻胀力要明显小于实测值。另外，很多试验结果发现，毛细理论所预测的结果仅在均质土中才与试验结果相吻合，而在粒径分散度较大的介质中冰透镜体生长速率的结果与试验结果差异较大。此外，由于毛细理论的研究对象仅限于冻结锋面处的冰-水界面力学特性，缺少冻结缘结构假设，因而不能用于解释正冻土中不连续冰透镜体的形成机制，只能针对孔隙冰的形成提出一些外部条件和准则。

### 1.3.3.2 薄膜水迁移理论

学者们认识到毛细理论的局限性和不足之处，特别是发现冻结细粒土中存在未冻水，且未冻水以包裹土颗粒未冻水膜的形式存在后[71]，逐步发展形成了细粒土冻结过程中薄膜水迁移理论，并被试验证实[69,72]。其主要思想是，在冻结温度梯度作用下，未冻水膜在土颗粒表面分布不均匀，土颗粒温度较高一侧未冻水膜较厚，而温度较低一侧水膜较薄，不均匀水膜厚度引发的渗透压力会驱动未冻水从水膜较厚处向水膜较薄处补充，以达到新的平衡。20 世纪 70 年代，Miller[73] 提出了冻结缘概念，认为冰透镜体与冻结锋面之间的这个薄层区域是控制冻土水分迁移的关键。基于冻结缘概念和薄膜水迁移理论的第二冻胀理论在描述和预测冻胀过程方面取得了很大的发展，薄膜水迁移理论得到了国内外大多数学者的广泛承认。Takashi et al.[74] 指出变薄的薄膜水由于物理化学作用试图恢复其厚度，进而在水膜中产生一个拉力，驱动水膜较厚处水分迁移补给正在萌生的最暖冰透镜体。Rempel et al.[75] 和 Dash et al.[76] 通过热力学分析和克拉伯龙方程给出了未冻水膜厚度与温度的关系，从分子力作用和电场力作用角度分析了土颗粒周围未冻水的流动行为，揭示了土冻结过程中未冻水迁移的驱动机制。冻结过程中薄膜水的流动由薄膜水的势能梯度决定，水膜越薄势能越小；水从势能高处流向势能低处，导致未冻水迁移至最暖冰透镜体，并补给冰透镜体的生长[77]。基于冻结缘概念，一系列冻土水分迁移和冻胀的动力学和热力学模型相继被提出，如刚性冰模型、分离冰模型等[22,78-80]。20 世纪末，一些基于微观水膜界面的模型被提出，这些微观未冻水动力学研究从微观物理层面解释冻结缘水分迁移，不仅揭示了冻结过程中未冻水的迁移机制，还使得冻胀研究从之前的宏观方法逐渐向细观甚至微观转变，而研究尺度也从毫米尺度向微米、纳米尺度转换，并取得了很多崭新而有价值的研究认识和成果[22,81-82]。但薄膜水理论成立的前提是冻结缘内导致水分迁移的势梯度非常大，但此前提与试验结果相矛盾，同时高的基质吸力理论上会严重降低渗透系数，反而抑制水分迁移。

最近的研究表明：毛细水和薄膜水两种机制均在冻土水分迁移过程中发挥作用[83-84]，此外冻结缘微裂隙的萌生以及微结构的变化必然会影响冻结缘水分迁移，但这种变化与冻结缘水热输运究竟存在何种关系仍不清晰。

### 1.3.3.3　水气迁移理论

地表浅层的绝大多数岩土体多处于非饱和状态，其中存在着大量的水蒸气流动[85]。当地表有不透气的覆盖层时，这些水蒸气的流动受阻，水分在覆盖层下积聚，使得覆盖层下方土体出现含水率大幅增加甚至达到饱和的现象，李强、姚仰平等[86] 将此现象命名为锅盖效应。结合非饱和土水气迁移的物理过程和内在机理，滕继东等[87] 将其分为两种类型：第一类"锅盖效应"定义为非饱和土水气的冷凝过程，而第二类"锅盖效应"定义为水气迁移成冰过程。关于非饱和冻土中气态水迁移方面的研究相对较少，Nakano et al.[88] 通过试验研究发现，当存在含水率梯度或者温度梯度时，非饱和冻土中均会出现明显的气态水的迁移。Eigenbrod et al.[89] 设计冻结试验研究粗粒料的蒸汽迁移成冰情况，发现在纯净的粗粒土中，由蒸汽迁移造成表层含水率由初始的 6.6％增大至 11.1％，含细粒的砂砾土由初始的 8％增大至 22％。Guthrie et al.[90] 的试验结果表明：相比初始的 41.5％饱和度，水气混合迁移导致冻结锋面处含水率大大提升，达到过饱和状态（115％）；王铁行等[91] 进行了冻结条件下非饱和黄土在封闭柱体内的水分迁移试验，发现当土样初始含水率比较小时，水分主要以气态形式进行迁移，当土样初始含水率较大时，水分以液态迁移为主。滕继东等[87] 建立了非饱和冻土水热气耦合迁移的数学模型，张升等[92] 研制了非饱和冻土水汽迁移试验仪，对不同初始含水率的试样进行了水汽迁移试验，结果表明初始含水率越大，水汽迁移效果越明显，降温速率越小，气态水迁移越显著。

目前，气态水迁移导致寒区高铁微冻胀是比较流行的观点，但也有研究表明，高铁粗颗粒填料冻胀仍根源于填料中细粒土所含液态水的局部迁移集聚、结冰膨胀，因此对于非饱和粗粒土中萌生的冰晶如何克服上覆荷载推移土颗粒，进而发生冻胀这个力学过程，目前仍缺乏令人信服的阐释。

以上为冻土中的水分迁移理论，低温岩体中的水分迁移试验方面的文献相对较少，缺乏系统性的研究。仅从岩石分凝冰理论的相关验证试验[26-30,49] 中间接证实水分不断向分凝冰处聚集，促使了分凝冰的生长；杨更社等[93-94] 采用水泥砂浆试块模拟软岩，对此试样进行了开放系统下温度梯度作用下的水热迁移研究，试验结果表明不同类型的软岩材料水热迁移程度不同，试样中的石英矿物含量越高，温度场重新分布时间越长；温度梯度越大，水分场越快达到重新分布状态。

完整岩块中水分的迁移与孔隙的连通率直接相关，这就造成其与土体中水分迁移的明显差异；而对于以裂隙为主要渗流通道的岩体而言，在寒区温度梯度作用下，其中的水分迁移机制目前仍是未知领域。

## 1.3.4　存在问题

现实中岩体往往呈现出岩石-裂隙二相结构的特性，硬质岩石中分布有不同方向、不同特性的节理裂隙。在这样的寒区岩体中，常常会观察到夹冰裂隙的存在[2]，如图 1.7 和图 1.8 所示。川藏铁路沿线岩质边坡中节理裂隙广泛分布，基岩裂隙水距地表 3～5m，浅表层基岩多处于非饱和状态，在雪线及附近（海拔 4000～4500m）的岩体裂隙中亦有不少类似冰夹层的存在[95]。

现场发现的诸多夹冰裂隙往往都位于地下水位以上，且上部又无其他水源补给可能，这种夹冰裂隙对川藏铁路、木里煤矿等诸多寒区工程的稳定性形成决定性因素，由此引出的科学问题有：①温度梯度作用下裂隙介质中水分的迁移形态有哪些；②影响裂隙中水分迁移的因素有哪些；水分迁移机理是什么；③裂隙中的成冰机理是什么。

图 1.7　阿尔卑斯山区一处岩石崩塌后
显露出来夹冰裂隙表面

图 1.8　木里露天煤矿边坡岩体裂隙中的冰层

本书相关内容正是围绕这些问题展开相应的试验、理论分析及数值计算工作。

# 1.4　研究思路及研究内容

## 1.4.1　研究思路及技术路线

　　基于岩石中的分凝冰机理及寒区基岩中观察到的冰层分布，初步推断：岩体中的夹冰裂隙很有可能同样是由水分迁移引起的分凝冰增长所致。由于岩体中分布着大量的节理裂隙，水分迁移的通道应该与孔隙性岩石中存在差异，故首先通过粗略的定性试验明确岩体中水分迁移的通道及形态，接下来利用更为精准的试验观测并分析影响水分迁移和导致裂隙中冰层出现的相关因素，最终提出水分迁移及成冰机理模型，并与试验结果进行相互验证。技术路线如图 1.9 所示。

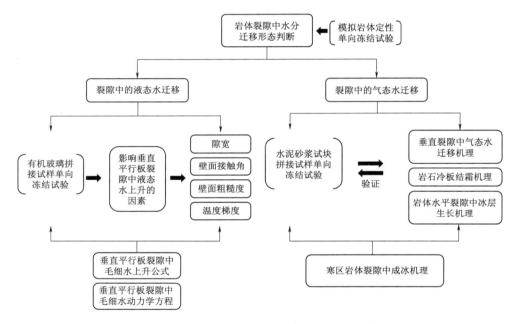

图 1.9　技术路线图

## 1.4.2　研究的主要内容

　　（1）岩体中水分迁移形态判断。裂隙岩体中，相比岩石本身而言，裂隙的渗透率要远大于岩石，因此裂隙应是其中水分迁移的主要通道。利用试验的方法判断单向冻结时（正温端保持恒定补水水位）水分在裂隙中的主要迁移形式（液态迁移或气态迁移）。

　　（2）垂直平行板裂隙中液态水迁移的影响因素及迁移公式。利用更为精准的有机玻璃拼接试样进行单向冻结试验（正温端保持恒定补水水位）。基于试验结果，分析裂隙宽度、壁面润湿特性、壁面粗糙度及温度梯度对于垂直平行板裂隙中液态水迁移的影响，并推导平行板裂隙中的液态水迁移公式（静止和动力学方程）。

（3）垂直贯通裂隙中气态水迁移的影响因素分析。利用更为精准的试验设计进行水泥试块拼接试样单向冻结试验（正温端保持恒定补水水位）。基于试验结果，分析影响气态水迁移的相关因素，基于传热传质学原理，推导裂隙中气态水的迁移公式，并利用试验结果进行验证。

（4）寒区岩体中夹冰裂隙形成的两种机理。基于水泥试块拼接试样单向冻结试验（正温端保持恒定补水水位）的结果及现场调研状况，结合上述分析，提出在带有贯通裂隙的、底部有补水水位的寒区基岩裂隙中的两种新的成冰机理：

1）结霜机理：当地表降温时，裂隙（既有裂隙或原位冻胀导致的裂隙）壁面出现负温且裂隙中满足自然对流条件时，水蒸气在裂隙壁面处遇冷凝华成霜，使得水蒸气迁移通路上的浓度梯度增大，导致了水蒸气的进一步迁移，同时霜层不断生长，伴随着复杂的霜冰转化过程，最终表现为裂隙中冰层的生长。

2）水蒸气-预融水膜迁移机理：当地表降温时，靠近地表的接近饱和的岩层中由于原位冻胀出现带有冰晶的裂隙，由于预融作用，冰晶与裂隙壁面之间存在一层水膜，当降温持续进行时，水膜在温度梯度作用下由冰晶外侧（高温）向冰晶核心（低温）处迁移，并不断凝结成冰。冰晶外侧由于水膜厚度的减薄，自身范德华力增大，空气中的水蒸气被吸附到水膜中，由此形成了水蒸气-水膜-冰晶生长的迁移路径，既有冰晶不断生长，最终表现为裂隙冰层的形成。

对于结霜机理，基于传热传质学的相关原理，建立了岩石壁面作为冷板面的结霜模型，并利用试验结果进行验证，同时以此模型为基础，分析了影响结霜的直接因素和本质因素。

对于水蒸气-预融水膜迁移机理，从微细观角度，以热力学及结晶物理学等为基础进行了相应的理论分析。

# 第 2 章　温度梯度作用下岩体中水分迁移通道及水分迁移形态研究

对于常见的岩石-裂隙构成的二相体的岩体而言，岩石的渗透系数非常小，如花岗岩为 $1.1 \times 10^{-12} \sim 9.5 \times 10^{-11}$ cm/s，致密片麻岩小于 $10^{-13}$ cm/s，玄武岩小于 $10^{-13}$ cm/s，致密砂岩为 $10^{-13} \sim 2.5 \times 10^{-12}$ cm/s[96] 等，与裂隙相比，这些岩石本身的渗透性基本可忽略。因此，若这些岩体中的冻胀仍由冰分凝导致，则这些节理裂隙应在冻胀过程中承担水分迁移通道的作用。而当裂隙承担水分迁移通道时，水分是以气态还是液态的形式迁移；不同形态迁移量的占比是多少；不同形态迁移的机制是什么。为了明确这些问题，本章的试验进行相应的研究及探索。

## 2.1　设　计　思　路

研究低温条件下岩体裂隙中的水分迁移，最为直观的方式是利用真实裂隙岩样，在实际的冻融环境下进行观测。但真实岩样采样困难，且其中裂隙的分布密度、宽度、走向及表面粗糙度等因素难以控制，实际冻融环境模拟也需要较长时间才可能观测到结果。因此，从可实现性及试验效率考虑，选用与岩石性质较为接近的水泥砂浆来预制带垂直裂隙的试样，水泥砂浆壁面的亲水性及粗糙度与真实岩体裂隙非常接近，同时借鉴冻土中水分迁移试验方法，设计可以形成一维温度场且带有补水装置的设备，并利用此设备进行相应的试验研究。

## 2.2　模型材料及试样制作

利用水泥砂浆来预制带垂直裂隙的试样。考虑到控温仪器的形状及尺寸（现有控温板为圆形，直径为 15cm），预制直径为 15cm、高为 80cm 的圆柱试样。为了尽可能接近砂岩的性状，采用 M10 砂浆的配比进行试样浇筑，具体材料配比及强度如表 2.1 所示。

利用内径为 15cm 的 PVC 管作为模具。浇筑水泥砂浆时，在模具内预置直径方向的薄铁片（厚度约为 1mm），以铁皮来预制既有贯通裂隙（浇筑后 24h，将铁片

表 2.1 M10 砂浆配比及强度

| M10 砂浆（1m³） | | | 强度/MPa | |
|---|---|---|---|---|
| 水泥/kg | 砂/kg | 水/kg | 28d | 7d |
| 345 | 1470 | 265 | 13 | 9.1 |

抽出）。自距模具底部 5cm 处起向上每间隔 8cm 在模具上开孔，共 10 处。浇筑砂浆完成后，在预留测温孔内埋设测温元件，测温元件埋设位置尽量靠近裂隙。制成试样如图 2.1 所示。圆柱试样制作完成后放至养护室 $[T=(20\pm2)℃$，相对湿度 RH>95%] 内养护 7d。

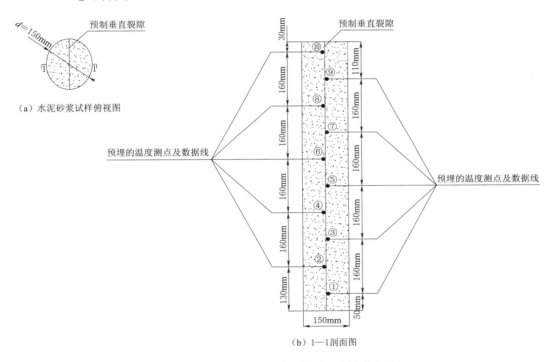

图 2.1 水泥砂浆预制裂隙试样及温度测点布设图

# 2.3 试 验 装 置

试验的目的是了解低温条件下，岩体裂隙中形成温度梯度并有负温区存在时，裂隙中水分迁移的状况及影响因素，由此出发，同时借鉴冻土中水分迁移试验的装置结构，本试验的装置由以下几部分构成：

（1）顶部控温系统：包括控温顶板及冷浴机，用来提供恒定的负温，以模拟自然状况下地表低温环境。冷浴机为美国产 NESLAB，型号为 LT - 50DD，可降温至

$-80℃$，精度为$±0.1℃$。

（2）温度测量及采集系统：以预埋在试样中的测温元件来测量试样温度的变化，并通过数据传输及采集系统进行记录。为便于埋设，并降低造价，测温元件采用热电偶型，精度为$±2.0℃$。

（3）补水及水分测量系统：利用带橡皮塞的窄口瓶（橡皮塞上有与大气连通的细玻璃管）作为补水容器，与试样补水底板以橡皮管连接。窄口瓶位于电子秤上，可通过读取数据得知水分的变化情况，电子秤读数精度到5g。

（4）补水底板及围挡：承托试样，提供试样底部的补水通道，同时围挡可保持试样底部水位的稳定。

（5）保温层：包括控温顶板及试样外围保温，主要采用橡塑海绵作为保温材料。以减少试样与周围环境之间的热交换，尽量在垂直方向上保持为一维传热状态。

具体的试验装置如图2.2所示。由图2.2可以看出，尽管试样周围被保温层包裹、试样顶部覆盖有控温顶板，但并非完全密封，仍然有大大小小的空隙与外界大气相连，补水液面处作用为1个大气压，裂隙内部也与大气连通，因此，此种试样及装置可模拟开放裂隙在地表降温时裂隙中水分的迁移情况。

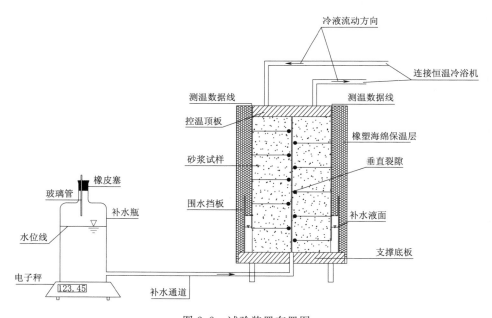

图 2.2　试验装置布置图

## 2.4　试　验　步　骤

（1）预制好的试样在养护室养护10d后，将其浸水饱和7d。

（2）将浸水饱和好的试样安装在试验装置内。

（3）通过调整补水瓶内液面的高度，使得补水液面距离试样底部约14cm，将顶部控温顶板设为－10℃，正式开始试验。

（4）每小时采集一次试样各测点温度、环境温度及补水瓶中水分重量。

（5）当观察到试样内各测点的温度基本保持稳定，水分不再变化时，终止试验。

## 2.5 试验结果及分析

### 2.5.1 试验结果

当试验延续90h时，试样内各测点的温度基本保持稳定，同时水分连续30h无变化，故终止试验。

（1）裂隙处迁移水量及温度梯度曲线变化图。试样裂隙中温度梯度与迁移水量对应变化如图2.3所示，迁移水量变化曲线如图2.4所示。

（2）试验结束后裂隙表面现象观察：试验结束后，将试样打开，暴露出预制裂隙面，如图2.5所示：裂隙面比较湿润；顶部向下13～14cm处为冻结锋面，即0℃线所在位置。在负温区，可见裂隙表面有类似霜的凝结形式，如图2.6所示。

（3）试验结束后砸开负温区的水泥砂浆试块，可以看出孔隙中的水分均冻结成冰，内部无分凝冰、无开裂发生，如图2.7所示。

### 2.5.2 试验结果分析

（1）试样内温度场的形成：试样在开始试验前浸泡在水中，故初始各处温度与水温接近，4～6℃，试样安装完成后，在顶板温度为－10℃（底部为环境温度）的作用下，试样内部温度不断发生变化，在第10h时，试样内形成初步的温度梯度，约20h，试样内各点的温度基本达到稳定，0℃线的位置距离顶部约9cm。之后，由于底部为环境温度，整个试样温度随着环境温度的变化而有小幅的波动，0℃线的位置距离顶部9～14cm有小幅波动。

（2）根据裂隙内水分迁移变化量图，从第10h开始，容器内的水分开始逐渐减少，10～40h之间，水分以5mL/10h的速度逐渐减少，在40～50h之间，水分减少了10mL，之后又以5mL/10h的速度减少，自第60h开始，水分不再发生变化。

（3）根据裂隙内温度梯度与水分变化图，当第20h时，裂隙内形成较为稳定的温度梯度，相应的水分开始发生迁移，基本以5mL/10h的速度进行，在40～50h的范围内，速度增大至10mL/10h，从第70h起，水分不再发生变化。

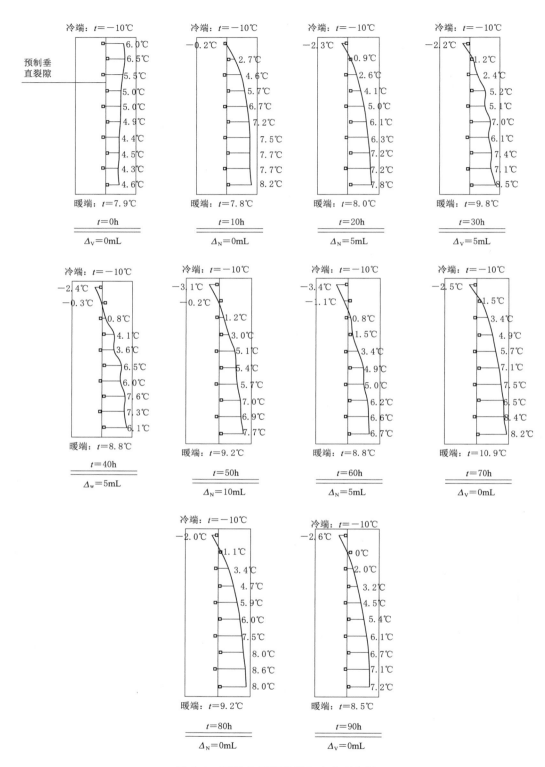

图 2.3　裂隙内温度梯度与水分变化图

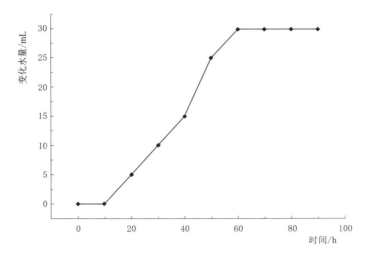

图 2.4 裂隙内迁移水量变化曲线

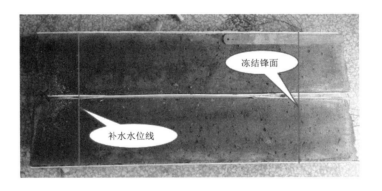

图 2.5 试验结束后裂隙表面

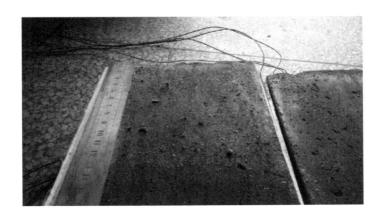

图 2.6 试验结束后负温区裂隙表面的凝结霜

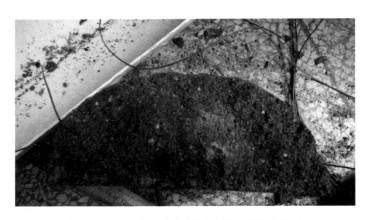

图 2.7 试验结束后负温区试样内部的孔隙冰

（4）观察试验结束后的裂隙表面：裂隙表面湿润，有水分痕迹，大致可判断液态水迁移高度距离补水水位线为 2～3cm。在顶部负温区，观察到霜的存在形式，可以做出这样的初步判断：裂隙当中的水分迁移以两种形态进行：气态水到达负温区时遇冷凝结成霜；液态水沿着裂隙面向上攀升，但因其迁移驱动力不足，未能到达冻结锋面（液态水冻结时一般呈现冰的形态，但在负温区只观察到霜的形态）。

（5）试样（除去裂隙的部分）初始为饱和，试验结束后观察到负温区部分有孔隙冰（图 2.7），说明其中的水原位冻结；同时试样内部并无分凝冰层形成，说明由于试验条件的设置或试验延续时间的长短，或是由于水泥砂浆自身孔隙结构，使得水泥砂浆试样中尚未发生向上的水分迁移，或水分迁移不明显，因此，可以推断试验中测得的补水瓶中的水量变化主要发生在试样的垂直裂隙中。

## 2.6 水分迁移位置及形态分析

### 2.6.1 水分迁移发生的位置

试验过程中总共减少了 30mL 的水量，对于此种开放裂隙系统而言，如果此水量是蒸发损失的话，则应在试验全程中以均匀的速率减少，而不是如试验结果所示：$t=20h$ 时，水量开始发生变化；$t=70h$ 起，水量不再发生变化。所以，变化的水量应为迁移水量而不是补给瓶中的蒸发水量。

此外，根据上文试验结果分析，可以判定这些水量的发生位置在裂隙中，而非水泥砂浆试样内部。

## 2.6.2 水分迁移形态

如图 2.8 所示,在具备补水条件的低温岩体裂隙中,存在有两种形式的水分迁移:气态迁移和液态迁移。随着试样顶部温度降低,逐渐在附近的裂隙中形成负温区,周围的水蒸气在此遇冷,以霜的形式凝结在裂隙壁面上,导致了整个裂隙在垂直方向上水蒸气密度梯度的产生,水蒸气因此沿着裂隙向负温区不断迁移,如此循环往复,直至达到某种平衡;另有一部分水分迁移是以液态的形式进行,在表面张力的驱动下,自补水液面起向地表方向迁移,若驱动力足够,则可迁移至负温区逐渐冻结成冰的形式赋存,若驱动力不足,则会迁移至一定高度终止。

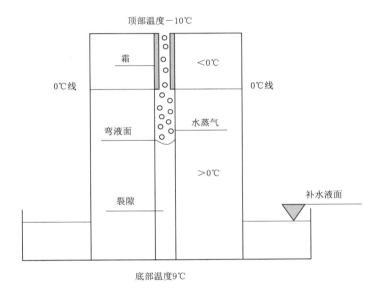

图 2.8 裂隙中的两种水分迁移形态

### 2.6.2.1 气态迁移

预制试样中的裂隙时,以厚度为 1mm 的铁片插入水泥砂浆样,24h 即抽出,之后试样继续养护 14d 后开始试验。预制的 1mm 宽的裂隙在后期养护过程中,由于水泥砂浆自身的收缩而继续变窄,实际缝隙宽为 0.8mm 左右,负温区的高度为 13cm。

试验过程中,水蒸气自底部向顶部方向迁移过程中,在裂隙壁面负温区遇冷凝华成霜,由于试样顶部未完全封闭,还有少量水蒸气逃逸至空气中。估算气态迁移量多少时,忽略此部分逃逸至空气中的量,将试样裂隙壁面处的结霜量视为气态迁移量,因此可通过计算霜层的质量来估算迁移的水蒸气量。因此负温区冷凝成霜的气态迁移量大致为

$$M_a = V_f \rho_f = \frac{0.13 \times 0.15 \times 0.8 \times 10^{-3}}{10^{-6}} \times 0.9 = 14 (\text{g})$$

式中：$V_f$ 为霜层的体积，利用裂隙负温区满布霜层计算；$\rho_f$ 为霜层密度，此处取为 $9\text{g/cm}^3$，则气态迁移量为 14g 水量，相当于 14mL 液态水。

### 2.6.2.2　液态迁移

（1）迁移高度。

裂隙中的水分若发生液态迁移，则需相应的驱动力。对于本试验中的开放裂隙系统，可以将垂直贯通裂隙假设为由 $n$ 个毛细管组成，取出单个毛细管作为研究对象，毛细管直径为 0.8mm，根据 Young-Laplace 方程[97]，气-液-固交界面上的压降为

$$u_a - u_w = \frac{4T_s \cos\alpha}{d} \tag{2.1}$$

式中：$u_a$、$u_w$ 分别为空气相与水相的压力；$u_a - u_w$ 为基质吸力；$T_s$ 为水相的表面张力；$d$ 为毛细管直径；$\alpha$ 为水与平行板壁面之间的接触角。当受重力影响的水柱的质量与沿着水-固交界面上的表面张力达到平衡时，则毛细上升高度为

$$h_c = \frac{4T_s \cos\alpha}{d\rho_w g} \tag{2.2}$$

将水的密度 $\rho_w = 1\text{g/cm}^3$、重力加速度 $g = 980\text{cm/s}^2$、表面张力 $T_s = 74.6\text{mN/m}$（7℃时）、接触角 $\alpha = 0°$ 代入式（2.2），即可得到此种情况下毛细上升高度 $h_c = 3.81\text{cm}$。

可见此种裂隙条件下，液态水在表面张力作用下的上升高度非常有限，远未达到裂隙负温区。

以上公式未考虑温度对表面张力的影响。研究表明表面张力 $T_s$ 会随着温度的降低而增大，相关的研究表明，表面张力与温度之间存在线性关系，其中最著名的是 EOTVOS 准则，表示为

$$T_s V^{\frac{2}{3}} = k(t_c - t) \tag{2.3}$$

式中：$k$ 为 EOTVOS 常数，它对于所有液体都是一个常数，其数值为 $2.1 \times 10^{-7}\text{J} \cdot \text{K}^{-1} \cdot \text{mol}^{-2/3}$；$V$ 为摩尔体积；$t_c$ 为临界温度。由式（2.3）可知，当温度 $t$ 降低时，表面张力随之增大。

根据式（2.3）可以得出 0℃时水的表面张力为 75.64mN/m，代入式（2.2）可得毛细上升高度为 3.86cm。

实测的液态水迁移痕迹高度约为 2～3cm，在环境温度下，以毛细管模型计算出的液态水迁移高度为 3.81cm，考虑温度对表面张力的影响后得到的液态水迁移

高度为 3.86cm。试验结果要小于计算结果，说明毛细管模型（Young-Laplace 方程）不能直接用来计算平行板裂隙中的液态水迁移。此外，裂隙壁面特性对于液态水迁移的影响还需进行进一步的研究。

（2）液态迁移量。

取液态迁移高度为 3cm，裂隙径向宽度为 15cm，则对于隙宽为 1mm 的裂隙而言，当其中满布液态水时，液态水的体积为

$$V_l = 3 \times 15 \times 0.1 = 4.5 (\text{mL})$$

可见，即便 3cm 高的上升范围内的裂隙中满布液态水时，水量也非常小，仅有 4.5mL。

# 2.7 本 章 小 结

利用水泥砂浆预制带有垂直贯通裂隙的试样，试样底部具有恒定补水位，试样顶部利用控温板（−10℃）进行持续降温，以此模拟寒冷基岩地区，底部有补水水位、地面降温的情况。试验结果表明：

（1）岩体裂隙是水分迁移的主要通道，且水分迁移的形态有两种，分别为气态迁移和液体迁移，前者迁移至负温区冷凝成霜，后者沿着平行板裂隙向上爬升约 2～3cm（补水水位以上），未到达负温区。

（2）气态迁移：蒸汽迁移的根本性驱动机制是水蒸气的化学势能，温度和蒸气压（相对湿度）的变化使蒸汽密度产生一定的梯度，该梯度促使蒸汽流动。裂隙中的水蒸气迁移至负温区时，在冷壁表面凝结成霜，导致了整个裂隙中蒸汽密度梯度的产生，于是不断有水蒸气向负温区迁移，直至达到某种平衡。

（3）液态迁移：液态迁移主要是受到毛细力的作用，在此试样条件下，将平行板裂隙视作若干毛细管，利用 Young-Laplace 方程计算出的迁移高度为 3.81cm，大于观测到的液态水迁移高度（2～3cm），说明毛细管模型（Young-Laplace 方程）不能直接用来计算平行板裂隙中的液态水迁移。

（4）整个试验过程中裂隙中水分迁移的总量应为气态迁移量＋液态迁移量。其中的气态迁移又可分为冷壁表面结霜的量＋通过裂隙顶部隙逃逸至空气中的量。根据目前的估算来看，气态迁移量远大于液态迁移量。至此，可将岩体裂隙中的水分迁移区分成两部分来研究：第一部分为液态迁移，即液态水在裂隙中的迁移及相关的影响因素；第二部分为气态水在裂隙中的迁移及相关的影响因素。

# 第3章　垂直平行板裂隙间液态水迁移研究

通过第 2 章的试验结果及分析，可以明确岩体裂隙中的确存在液态水迁移，为了进一步研究裂隙中影响液态水迁移的相关因素，如裂隙隙宽、表面粗糙度、基质亲水性、温度梯度等，本章设计了更为精准的试验进行研究；结合试验结果，分析了各种因素对裂隙中液态水迁移的影响；推导了垂直平行板裂隙间液态水上升公式及动力学方程，并与试验结果进行了对比分析。

## 3.1　垂直平行板裂隙间液态水迁移试验

### 3.1.1　设计思路

第 2 章中预制的带有垂直裂隙的水泥砂浆试样与真实情况更为接近，但水泥砂浆试样本身属于孔隙性材质，试样自身具有吸水性，在整个试验过程中，即便岩样处于饱和状态，试样裂隙与内部之间仍存在着水分交换，难以区分孔隙水与裂隙水，难以准确观察到液态水沿着裂隙迁移的路径及痕迹；水泥砂浆试样中预制的裂隙很难获取准确的隙宽；水泥砂浆预制裂隙表面实际上凹凸不平，具有一定的粗糙度；另外，在试验中试样底部未设控温板，而是直接受到环境温度的影响。环境温度的变化也使得整个试样中的温度梯度发生变化。这些因素叠加在一起难以区分不同因素对裂隙中液态水迁移的影响。

为了明确以上各种因素对于裂隙中液态水迁移的影响，基质材料的选择至关重要。岩体实际上是岩石-裂隙的二相体，严格意义上来说，裂隙和岩石本身均可作为水的通路，但与裂隙相比，岩石本身的渗透性非常小，可忽略不计。因此可选择不透水的材料作为基质材料，再从隙宽、裂隙表面粗糙度及亲水性的角度考虑，最好选择易于确定以上参数的材料。综合考虑下，选择有机玻璃板作为试验基质材料，通过有机玻璃板间加塞尺的方式拼接形成不同宽度的裂隙。另外，为了保持裂隙沿着垂直方向温度梯度的恒定，改进了试验装置，在试样底部增加控温板。

为了研究温度梯度对水分迁移的影响，试验分为常温下（18℃）及温度梯度作用下的有机玻璃缝隙中的水分迁移试验。

### 3.1.2 常温下垂直平行板裂隙间液态水迁移试验

#### 3.1.2.1 试验装置

尺寸为 300mm×130mm×20mm（长×宽×厚）的有机玻璃两块，四个角上预制螺栓孔；塞尺两套，厚度为 0.02～3mm。0.02～0.1mm，各钢片厚度级差为 0.01mm；0.1～1mm，各钢片的厚度级差一般为 0.05mm；自 1mm 以上，钢片的厚度级差为 1mm；带有标尺的玻璃水槽。

#### 3.1.2.2 试验方法

选取厚度不同的塞尺夹在两块有机玻璃之间，并利用四角的螺栓拧紧有机玻璃块，形成不同隙宽的有机玻璃平行板缝隙试样。将不同隙宽的试样置于具有一定水位的玻璃水槽中，为便于观察水分迁移情况，水槽中添加红色荧光染料。塞尺厚度分别采用了 0.02mm、0.03mm、0.04mm、0.05mm、0.07mm、0.09mm、0.1mm、0.3mm。当隙宽为 0.3mm 时，水分向上迁移高度非常有限（为 1.2cm），可见此时毛细作用已不明显，故以 0.3mm 隙宽为试验上限。

#### 3.1.2.3 试验结果

不同隙宽的有机玻璃平行板缝隙试样放入玻璃水槽中时，水分会沿着缝隙不断向上迁移，隙宽越小，迁移的速度越快，最后到达的稳定高度也越高。隙宽较小时，当水分迁移高度稳定后，自补水液面向上有三层不同的水气形态：最靠近补水液面为毛细水饱和区，自某一高度起，逐渐有气泡进入，成为毛细水与气泡的二相混合区，此部分中水仍占主要比例，继续向上，则毛细水形成树枝状形态，气体占据了其中的主要部分。这种分层方式与非饱和土中的毛细上升与孔隙的持水特征非常类似。不同隙宽时有机玻璃平行板间毛细水上升高度见表 3.1 所示。

表 3.1 　　　　　　　　不同隙宽时有机玻璃平行板间毛细水上升高度

| 隙宽 $d$/cm | 0.002 | 0.003 | 0.004 | 0.005 | 0.007 | 0.01 | 0.03 |
|---|---|---|---|---|---|---|---|
| 毛细水最大上升高度 $h_c$/cm | 15.5 | 12 | 10.7 | 6.9 | 5 | 3.5 | 1.2 |

注　环境温度为 18℃。

以隙宽 $d$ 为横坐标，上升高度 $h_c$ 为纵坐标，以图 3.1 来表示有机玻璃平行板间隙宽与毛细水上升高度之间的关系，由拟合曲线可知，二者呈幂函数关系，拟合公式为

$$h_c = 0.0389d^{-1} \tag{3.1}$$

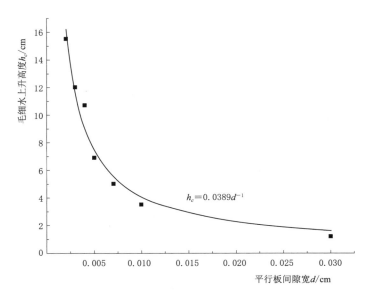

图 3.1  有机玻璃平行板间隙宽与毛细水
上升高度的关系

### 3.1.3  温度梯度作用下垂直平行板裂隙间液态水迁移试验

#### 3.1.3.1  试样准备

利用 6 块有机玻璃平板其中夹塞尺进行拼装，组成包含五种隙宽（$d=$ 0.05mm、0.1mm、0.3mm、0.5mm、0.75mm）的有机玻璃平行板缝隙试样。试样整体尺寸为 $300mm×130mm×120mm$（长×宽×厚），同时在预制的测温孔中安装测温元件，完成拼装后如图 3.2 所示。

#### 3.1.3.2  试验装置

（1）控温系统：采用杭州雪中炭生产的 XT5405FSC 系列冻融循环箱为环境温度控制系统。主要提供箱温［恒温波动度为±(0.2～0.5)℃］、顶板温［冷源温度，恒温波动度为±(0.1～0.2)℃］和底板［热源温度，恒温波动度为±(0.1～0.2)℃］的恒温循环。

（2）温度测量及采集系统：在有机玻璃板的侧面沿着长度方向，每隔 5cm 打一处测温孔，将测温元件预置于孔中，并利用基康自动化数据采集器（BGK - MI-CRO - 40）进行自动采集。测温元件采用铂热电阻 PT100，测量精度为±0.3℃。

（3）补水及水分测量系统：直径为 10cm、高为 20cm 的圆柱形补水瓶通过橡胶软管与控温底板相连，水瓶顶部装有压阻式传感器，下部与浮球连接，浮球随着补水液面的下降而下降，相应的下降值可利用压阻式传感器测得，由此间接得到水分变化量。传感器同样外接于数据采集仪，可自动采集水位变化数据。

（4）补水底板及围挡：控温底板与补水瓶之间通过橡胶软管连接，兼作补水底板，同时围挡可保持试样底部液面的稳定。

（5）保温层：包括控温顶板及试样外围保温，采用橡塑海绵作为保温材料。以减少试样与周围环境之间的热交换，尽量在垂直方向上保持为一维传热状态。

组装完成的试验装置如图 3.3 所示。

图 3.2　不同隙宽的有机玻璃平行板组合试样

图 3.3　组装完成的试验装置

### 3.1.3.3　试验方法

（1）将组装好的试样置于恒温箱内的控温底板之上，利用橡胶管连接控温底板之下的补水口与补水瓶，补水瓶内装水，使得试样自底部向上保持约 5cm 高的水位。

（2）连接测温元件与数据采集仪，利用橡塑海绵包裹试样周围及顶部，使得试样保持竖向一维传热状态。

（3）将顶板温度设为 $-10℃$、底板温度设为 $2℃$、箱体温度设为 $2℃$，正式开始温度梯度下裂隙中的水分迁移试验。

（4）当有机玻璃试样的温度梯度基本稳定，且补水液面也基本不发生变化时，结束试验。

### 3.1.3.4　试验结果

试验共进行了 7d，自第 27h 起，试样内基本形成稳定的温度梯度，零度线约在顶面向下 5cm 处，因试样中平行板间隙宽均较小，补水瓶中液面变化不明显。当终止试验时，拆开有机玻璃板试样后，不同隙宽的平行板间的水分迁移高度如图 3.4 所示。

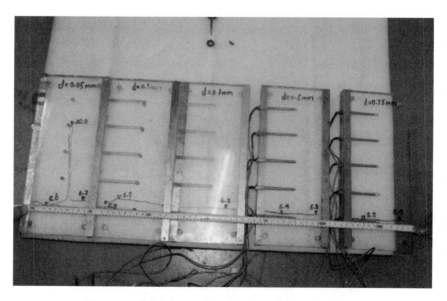

图 3.4　不同隙宽的平行板间的水分迁移高度实测图

水分具体的迁移高度如表 3.2 所示。

表 3.2　　　　　温度梯度作用下不同隙宽有机玻璃平板间水分迁移高度

| 隙宽 $d$/mm | 0.05 | 0.1 | 0.3 | 0.5 | 0.75 |
| --- | --- | --- | --- | --- | --- |
| 水分最大迁移高度 $h_c$/cm | 15 | 1.9 | 1.2 | 0.8 | 0.4 |

注　顶板温度：$-10℃$、底板温度：$2℃$，稳定后的温度梯度为：$0.4℃/cm$。

# 3.2 垂直平行板裂隙间液态水迁移理论分析

## 3.2.1 常温下垂直平行板裂隙间液态水迁移

### 3.2.1.1 公式推导

平行板间毛细水上升的力学平衡如图 3.5 所示，当水进入平板间时，由于润湿作用，水沿着两侧的平板壁面上攀爬，形成弯曲液面，则在上下液面的压力差作用下，平行板间的毛细水不断沿着板间缝隙上升，直至到某一位置处达到平衡为止。如图 3.5 所示，假设平板沿着 $L$ 方向无限长，则水相表面可视为圆柱面，平行板间毛细水上升高度为 $h_c$，纵向 $L$ 取单位长度（$L=1\text{cm}$）为分析对象。

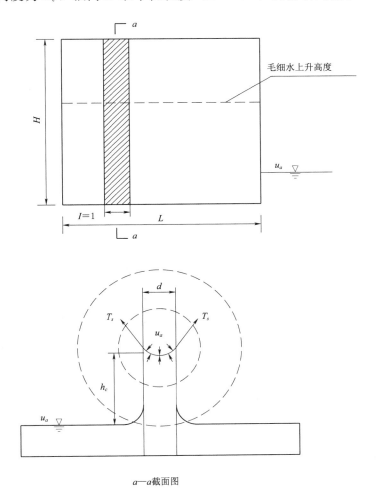

$a—a$截面图

图 3.5 平行板间毛细水上升的力学平衡

图 3.5（$a—a$ 截面图）中，以较小虚线圆所围的自由体受力图为研究对象，纵向取 1cm，通过作用于弯液面区域的 $u_a-u_w$ 和作用于弯液面圆周的力 $T_s$ 的垂直投影建立垂向力平衡方程，可得：

$$(u_a-u_w)d1=T_s2\cos\theta \tag{3.2}$$

式中：$u_a$、$u_w$ 分别为空气相与水相的压力；$u_a-u_w$ 为基质吸力；$T_s$ 为水相的表面张力；$d$ 为平行板缝隙的隙宽；$\theta$ 为水与平行板壁面之间的接触角。

在表面张力的驱动下，水分沿着裂隙上升，假设其最大上升高度为 $h_c$，则当达到平衡时

$$h_c\rho_w gd1=T_s2\cos\theta$$

所以

$$h_c=\frac{2T_s\cos\theta}{d\rho_w g} \tag{3.3}$$

将水的密度 $\rho_w=1g/cm^3$、重力加速度 $g=980cm/s^2$、表面张力 $T_s=73.05mN/m$（18℃时）代入式（3.3），可得当温度为 18℃ 时，有

$$h_c=\frac{0.15\cos\theta}{d} \tag{3.4}$$

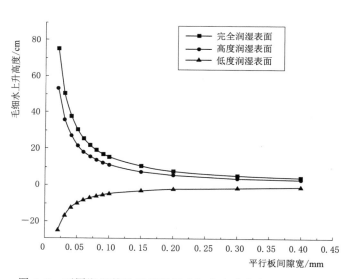

图 3.6  不同润湿特性平行板间毛细水上升高度（$T=18$℃）

分别选完全润湿的材质（$\theta=0°$）、高度润湿的材质（$\theta=45°$）及低度润湿的材质（$\theta=110°$）作为组成裂隙的平行板，假设这些材料表面均为理想固体表面时（即表面光滑、平整、均匀、无孔隙以及不与所接触的液体发生任何化学反应，也不会发生吸收/渗透等作用的表面），可用式（3.4）计算不同材质平行板间毛细水上升高度与隙宽之间的关系（$T=18$℃），结果如图 3.6 所示。

由图3.6可知，一定温度下（$T=18℃$），当平行板为完全润湿表面（$\theta=0°$）或高度润湿表面（$0°<\theta<90°$）时，隙宽越小，毛细水上升高度越大；当隙宽相同时，平行板壁面的接触角越小，即材料越易于润湿时，毛细水上升高度越大。平行板缝隙中毛细水上升的机理可以解释为：由于水与壁面材料之间的润湿作用，靠近壁面的水位液面逐渐攀升，缝隙中的液面逐渐成为弯液面，弯液面内部与上方空气之间有压差存在，在此压差的作用之下，水位沿着缝隙上升，直至上升液体的重力与此压差平衡为止，此时即为毛细水的最大上升高度；当缝隙壁面的接触角越小时，靠近壁面的水位液面攀升越高，弯液面曲率越大、引起液面内外压差越大，因此毛细水上升高度越高；当缝隙的隙宽越小时，缝隙壁面润湿作用引起的弯液面就越明显，毛细水上升高度也越高。

当平行板为低度润湿表面，即斥水表面时，隙宽越小，平行板间的水位下降越明显。

#### 3.2.1.2 理论与试验结果对比分析

将不同隙宽有机玻璃平行板间毛细水上升高度的实测值与理论推导值〔利用公式（3.4）计算，其中的接触角$\theta=68°$〕同时表示在图3.7中。

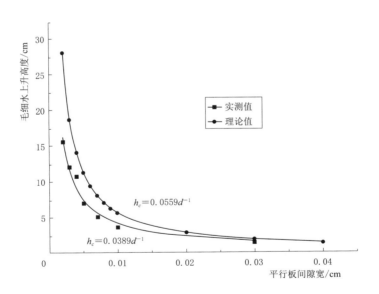

图3.7 有机玻璃平行板间毛细水上升高度的
实测值与理论推导值（$T=18℃$）

由图3.7可知，有机玻璃平行板之间毛细水实测上升高度随隙宽的变化趋势与理论值随隙宽的变化趋势一致，均为幂函数关系；但实测值与理论推导值之间尚存在一定的差值，实测值均小于相应的理论计算值，其可能的原因如下：

（1）推导公式（3.3）时仅考虑液体的重力和气液界面的表面张力，而实际上平行板间毛细水上升时还会受到两侧壁面的黏附力以及惯性力的影响。

（2）对同一种材料而言，接触角可分为两种：第一种为本征接触角，是在理想固体表面上得到的，在确定温度下是一个定值；后一种为表观接触角，是指实际情况下材料表面的接触角。因为实际情况中材料表面往往并非理想固体表面，而是有一定的粗糙度、表面可能有一定的污染，或者具有一定的吸水性等，这些因素会综合影响接触角的大小，因此即便是同一种材料，当表面状况有所不同时，表观接触角也会发生相应变化。图 3.7 中的理论值是依据有机玻璃表面的本征接触角计算得到，而试验中的有机玻璃板表面仍然存在着一定的粗糙度，表面也未进行彻底清洗，这些因素影响了表观接触角的大小，从而导致实测值与理论值有一定的差距。

（3）试样拼接好后，平行板间实际隙宽与理论上的隙宽可能存在一定的差距，引起此差距的原因有：拼接方式、玻璃板材加工时表面的水平度等。

## 3.2.2　温度梯度对垂直平行板裂隙间液态水迁移影响分析

对比表 3.1 和表 3.2，可见有机玻璃平行板裂隙沿程温度梯度的存在对于其中水分迁移高度影响并不显著：仅当隙宽 $d=0.05\text{mm}$ 时，有温度梯度时的上升高度为 15cm，相比常温（$T=18℃$）时的上升高度（6.9cm）有了明显的提升；但在其他隙宽时，两种条件下的水分迁移高度相当，甚至在隙宽 $d=0.1\text{mm}$ 时，常温下的迁移高度为 3.5cm，大于有温度梯度下的迁移高度（1.9cm）。

常温下及温度梯度下的水分迁移试验采用的是同一批加工制作的有机玻璃板，因此材质、本征接触角、表面粗糙度及表面清洁程度等均可视作一致，试验主要差别在于改变了温度环境，前者在室温下进行（$T=18℃$），后者在有机玻璃的顶、底部分别设有控温板，沿着有机玻璃平行板裂隙存在稳定的温度梯度（$\Delta t=0.4℃/\text{cm}$）。又由第 3.2.1 节的分析可知，平行板间毛细水上升的驱动力与水的表面张力成正比，与接触角成反比。因此温度梯度对于爬升高度的影响可归结为温度对水表面张力及有机玻璃壁面接触角的影响。

### 3.2.2.1　温度对表面张力的影响

温度会直接影响分子的运动，因此温度对表面张力有很直接的影响，温度升高时由于物质膨胀，分子间距增大，其吸引力也减弱，因此一般液体的表面张力都降低。关于表面张力和温度的关系式，许多学者研究后都认为二者存在线性的关系，并把表面张力随温度而变化的斜率认为是表面区内变化单位面积时熵的变化值。

目前描述表面张力与温度的关系主要采用的是一些经验公式，其中最著名的是EOTVOS 准则，有两种前提假设：①表面张力是温度的线性函数，即表面张力与温度之间的关系可表征为一条直线，该直线与温度轴的交点是表面张力为零的点，对应的也是临界温度的点；②表面张力与温度之间的关系可表征为曲线，前提是液态的摩尔质量、密度和摩尔体积等必须已知。

若采取第二种假设，流体的表面张力可表示为

$$\gamma V^{2/3} = k(T_c - T) \tag{3.5}$$

式中：$k$ 为 EOTVOS 常数，对于所有液体都是一个常数，其数值为 $2.1 \times 10^{-7}$ J·$K^{-1}$·$mol^{-2/3}$；$V$ 为摩尔体积；$T_c$ 为临界温度（热力学温度）。

由于试验中得到的曲线与温度轴的交点总是比临界点提前 6K，为了更精准地描述表面张力与温度的关系，William Ramsay 和 Shields 将公式（3.5）曲线沿温度坐标轴向左平移了 6K，进而得：

$$\gamma V^{2/3} = k(T_c - T - 6.0) \tag{3.6}$$

摩尔体积 $V$ 也可以由摩尔质量 $M$ 和密度 $\rho$ 给出，即 $V = M/\rho$，代入公式（3.6）可得：

$$\gamma = k(M/\rho)^{-2/3}(T_c - T - 6.0) \tag{3.7}$$

水在不同温度下的表面张力如表 3.3 所示。

**表 3.3** 水在不同温度下的表面张力

| 温度/℃ | 0 | 2 | 5 | 18 | 20 |
|---|---|---|---|---|---|
| 水的表面张力/(mN/m) | 75.64 | 75.35 | 74.92 | 73.05 | 72.75 |
| 温度/℃ | 30 | 40 | 60 | 80 | 100 |
| 水的表面张力/(mN/m) | 71.18 | 69.56 | 66.18 | 62.61 | 58.85 |

由表 3.3 可看出水的表面张力随着温度的升高而逐渐降低，温度越高时，下降速度越快。本章试验中涉及的水的温度区间为 0~18℃，即水的表面张力变化区间在 75.64~73.05mN/m。

对于温度梯度作用下的平行板裂隙间水分迁移试验，假设毛细水与平行板壁面之间进行了充分的热对流，其温度等于对应处平行板壁面的温度值，则当控温底板为 2℃ 时，裂隙底部水的表面张力是 75.35mN/m；0℃ 线附近水的表面张力是 75.64mN/m，考虑一种极端情况，即裂隙中的水均为 0°，则依据公式（3.3），当隙宽相同时，此时毛细水的表面张力是常温下（18℃）毛细水表面张力的 1.035 倍，即此时迁移高度是常温时迁移高度的 1.035 倍。可见，即便考虑平行板裂隙中毛细水均处在最大表面张力条件下，所导致的迁移高度增加依然非常有限。

#### 3.2.2.2 温度对水-有机玻璃板壁面接触角的影响

接触角的大小反映出液体与固体表面相互作用的程度，即本体内分子间的内聚力及界面处分子间的黏附力。温度的不同，会影响分子的运动和分子的间距，进而

影响分子间的引力。

葛宋等[98] 对接触角与液固界面热阻关系的分子动力学模拟表明接触角随液固间相互作用增强而减小，但接触角并不受固体原子质量和固体间相互作用强度的影响；Karmouch 和 Ross[99] 在不同温度下测量了水与不同材质之间的接触角，对于有机玻璃板而言，当环境温度从室温（20℃）降低至 0℃时，接触角为一个常数，并不随温度的降低而发生变化。因此，环境温度的降低可能会影响到液体-固体表面之间的接触角，但针对水-有机玻璃壁面而言，相应的试验表明，接触角不随温度发生变化。

综上，当平行板裂隙及其中的毛细水温度下降时，由于水表面张力的增大会使得毛细水上升高度较常温时有所增加，但幅度很小，仅为 1.035 倍，基本可忽略不计。常温和温度梯度作用下有机玻璃平行板裂隙中毛细水迁移高度结果（表 3.1、表 3.2）也验证了上述的结论，仅有一点例外，当隙宽 $d = 0.05$mm 时，有温度梯度情况下上升高度为 15cm，较常温下的上升高度 6.9cm 增大了 8.1cm，可能的解释是：①有机玻璃板表面存在着起伏不平，两块板材对接时，部分板材之间形成了更小隙宽的缝隙，从而使得此处毛细水有了更大的毛细驱动力，迁移高度显著增加；②水蒸气在接近 0℃ 有机玻璃板壁面处冷凝下流，从而造成的毛细水迁移高度增加的假象。

## 3.3　岩体垂直平行板裂隙间液态水迁移分析

依据前述试验及相应理论分析，垂直平行板裂隙中毛细水的上升高度可用公式（3.3）表征，即毛细水在垂直平行板裂隙中的迁移高度主要取决于壁面的接触角和隙宽：接触角越小，即壁面越易于润湿，液态水迁移高度越高；隙宽越小，液态水迁移高度越高；而温度对于液态水的迁移影响非常有限，可忽略不计。具体到岩体中的垂直平行板裂隙，若假设岩石相对裂隙不吸水时，则在确定其中液态水迁移高度时，重点在于岩石壁面润湿特性的确定。

### 3.3.1　岩石壁面润湿特性

岩体壁面的润湿特性可由水与壁面接触角的大小来表征。岩石壁面的接触角同样分为本征接触角和表观接触角。目前相关研究中获得的岩石接触角数据主要指本征接触角：将岩石基材打磨抛光成薄片，然后利用接触角的测量方法（如 Amott 法、USBM 法、接触角法、自动渗吸法及核磁共振张弛法等[100]）测得，如分别得到的板岩、页岩及长石矿物的本征接触角分别为 24.3°～36.5°、10.7°～38.7°以及

$28.9°\sim34.6°^{[100\text{-}102]}$。从严格意义上来说这些本征接触角获取时岩石表面很难完全达到理想固体表面的条件，仍属于表观接触角度。此处将这些测得的接触角近似看作为本征接触角，反映了岩石基材固有的润湿特性。这些接触角均在 $0°\sim90°$ 的范围内，说明岩石表面均属于高度润湿材料。

为了得到真实情况下岩石平行板裂隙中的毛细水迁移情况，还需进一步得到岩石壁面的表观接触角。如前分析，表观接触角会受到表面粗糙度、表面污染状况及基材本身吸水性的影响。假设岩体中岩石处于饱和状态，即不吸水，另外表面污染状况很难进行定量分析，此处也略去不计，主要考虑表面粗糙度对岩石壁面表观接触角的影响。

#### 3.3.1.1 表面粗糙度对表观接触角的影响

当液滴置于粗糙表面时，它在固体表面上的真实接触角几乎是无法测定的，试验所测得的只是其表观接触角，而表观接触角与界面张力不符合 Young - Laplace 方程。从热力学的角度，Wenzel 对 Young 方程进行了修正，得到了 Wenzel 模型[103]。

Wenzel 在研究中发现，表面的粗糙结构可增强其润湿性，使表观接触角与本征接触角存在一定的差值。他认为这是由于粗糙表面上固液实际接触面积大于表观接触面积的缘故，并假设液滴完全进入到表面粗糙结构的空腔中，如图 3.8 所示。当液滴的接触线移动一个微小距离 $\mathrm{d}x$ 时，整个体系表面能的变化 $\mathrm{d}E$ 可表示为

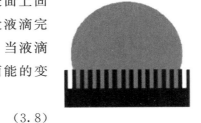

图 3.8 粗糙表面的 Wenzel 润湿模型

$$\mathrm{d}E = r(\gamma_{sl}-\gamma_{sg})\mathrm{d}x + \gamma_{gl}\mathrm{d}x\cos\theta_r \quad (3.8)$$

式中：$r$ 为表面粗糙度，其值等于表面实际接触面积与几何投影面积之比。在平衡状态时表面能应最小，进而可以得到 Wenzel 方程：

$$\cos\theta_r = \frac{r(\gamma_{sg}-\gamma_{sl})}{\gamma_{gl}} = r\cos\theta_e \quad (3.9)$$

对于粗糙表面而言，$r$ 总是大于 1。式（3.9）揭示了粗糙表面的表观接触角 $\theta_r$ 与本征接触角 $\theta_e$ 之间的关系，若 $\theta_e<90°$，则 $\theta_r<\theta_e$，即表面的亲水性随表面粗糙程度的增加而增强；若 $\theta_e>90°$，则 $\theta_r>\theta_e$，即表面的疏水性随表面粗糙程度的增加而增强。

#### 3.3.1.2 岩石表面粗糙度对表观接触角的影响

贺承祖等[104] 根据分形几何理论，给出了固体表面粗糙度 $r$ 的表达式：

$$r = \left(\frac{l}{L}\right)^{2-D} \quad (3.10)$$

式中：$l$、$L$ 分别为测量固体表面积码尺和固体表面的线度大小；$D$ 为固体表面的分形维数。表面分形维数表示固体表面结构的复杂程度。平滑表面 $D=2$，$r=1$；粗糙表面 $2<D<3$，$r>1$，表面越粗糙，$D$ 值越大。将式（3.10）代入 Wenzel 方程，则得到：

$$\cos\theta_r = \left(\frac{l}{L}\right)^{2-D}\cos\theta_e \qquad (3.11)$$

鉴于常见岩石表面的分形性质仅在一定的限度范围遵守，故可将其上限值 $50\mu m$ 作为 $L$ 的近似取值；鉴于在设计润湿性时流体分子充当着码尺的角色，故可将水分子的横截面直径平均值 $4.5\times10^{-4}\mu m$ 作为 $l$ 的近似值，则式（3.11）可表示为

$$\cos\theta_r = (8.8\times10^{-6})^{2-D}\cos\theta_e \qquad (3.12)$$

已知常见岩石表面分形维数 $D$ 一般为 $2.27\sim2.89$，将其下限值 $D=2.27$ 代入式（3.12）计算，结果表明由于岩石表面粗糙，当其本征接触角 $\theta_e<87.5°$ 时，表观平衡接触角 $\theta_r$ 均将趋近于 $0°$，即表现为完全亲水；当其本征接触角 $\theta_e>92.5°$ 时，表观接触角 $\theta_r$ 均将趋近于 $180°$，即表现为完全憎水。

目前研究中岩石表面测得的本征接触角度均小于 $90°$[100-102]，因此岩石表面的表观接触角均可视作为 0，是完全润湿表面，因此可用式（3.3）计算岩石垂直平行板裂隙中的毛细水上升高度，其中 $\theta=0°$。

### 3.3.2　岩体垂直平行板裂隙隙宽阈值的确定

由第 3.3.1 节的分析可知，岩石表面可视为完全润湿表面，即接触角为 $0°$，则由图 3.6 可知，对于完全润湿表面而言，当平行板间距小于 $10^{-4}$m（即 0.1mm）时，毛细作用开始变得明显，如当隙宽 $d=0.1$mm 时，上升高度约为 15cm；隙宽 $d=0.05$mm 时，上升高度约为 30cm；隙宽 $d=0.01$mm 时，上升高度约为 150cm。随着隙宽增加，毛细作用下的水分迁移高度迅速下降，此时裂隙中若想发生水分迁移则需依赖其他作用。因此，对于岩体中垂直平板型裂隙中的毛细水迁移而言，选取隙宽 $d=0.1$mm 为阈值，即仅当隙宽 $d\leq0.1$mm 时才考虑毛细作用对于水分迁移的影响，隙宽 $d>0.1$mm 时，毛细作用可忽略不计。

### 3.3.3　岩体垂直平行板裂隙中的毛细动力学方程推导

垂直平行板裂隙中毛细水上升高度式（3.3）是在毛细水上升结束时，利用静力平衡求得。而毛细水在裂隙中的上升过程中会受到壁面摩擦力、自身惯性力的影响，从而在上升的不同阶段具有不同的速度。

考虑岩体中的平行板裂隙高度为 $H$，水平方向长度为 $L_a$，隙宽为 $d$，其中 $L_a \gg d$，因此不考虑液面沿着 $L_a$ 的变化，假设水相表面为圆柱面，半径为 $d/2$。沿 $L_a$ 方向取长度 1 的平行板裂隙作为分析对象，如图 3.9 所示。

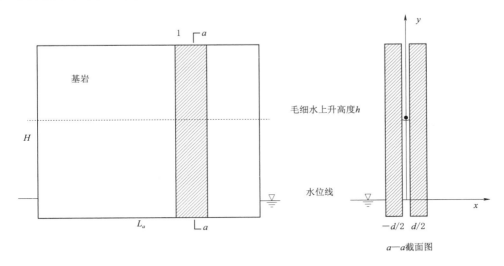

图 3.9 岩体中的垂直平行板裂隙

水沿着平行板裂隙上升过程中主要受到三种力的作用，分别是毛细驱动压力 $F_{cap}$、毛细管侧壁的黏性阻力 $F_{visco}$，以及流体自身的重力 $F_{grav}$。

由式（3.3）可得平行板间的毛细驱动压力（压强）为

$$\Delta P = \frac{2T_s \cos\theta_r}{d}$$

总的毛细驱动压力为

$$F_{cap} = \Delta P \cdot 1 \cdot d = \frac{2T_s \cos\theta_r}{d}d = 2T_s \cos\theta_r \tag{3.13}$$

黏性阻力可由 Newton 黏性流体内摩擦定律求得。根据 Newton 内摩擦定律，平行板岩壁上的黏性摩擦剪力为

$$\tau = \eta \frac{dv}{dx}\bigg|_{x=d/2} \tag{3.14}$$

式中：$\eta$ 为液体黏度；$v$ 为流体的速度。

可以看出，平行板壁上的流体黏性摩擦剪力是与黏度及速度梯度成正比的。平行板壁面处的速度梯度，可由 Hagen – Poiseuille 方程求得，流体在平行板中流动的速度为

$$v = \frac{1}{2\eta}\bigg|\frac{dp}{dy}\bigg|\big[(d/2)^2 - x^2\big] \tag{3.15}$$

式中：$p$ 为流体的压力；$y$ 为沿着平行板裂隙的方向，向上为正。则

$$\frac{dv}{dx} = \frac{x}{\eta} \left| \frac{dp}{dy} \right| \tag{3.16}$$

由于流速沿半径方向是变化的，因此常以平均流速代替变化的流速。平均流速定义为单位面积的流量，则有

$$\overline{v} = \frac{V}{1d} = \frac{1}{1d} \int_{-d/2}^{d/2} v 1 dx$$

$$= \frac{1}{1d} \int_{-d/2}^{d/2} \frac{1}{2\eta} \left| \frac{dp}{dy} \right| \left[ (d/2)^2 - x^2 \right] 1 dx$$

$$= \frac{1}{1d} \frac{1}{2\eta} \left| \frac{dp}{dy} \right| \frac{d^3}{3} = \frac{d^2}{6\eta} \left| \frac{dp}{dy} \right| \tag{3.17}$$

解得：

$$\left| \frac{dp}{dy} \right| = \frac{6\eta \overline{v}}{d^2} \tag{3.18}$$

代入到上述的速度梯度公式（3.16）中得：

$$\frac{dv}{dx} = \frac{x}{\eta} \left| \frac{dp}{dy} \right| = \frac{x}{\eta} \frac{6\eta \overline{v}}{d^2} \tag{3.19}$$

在侧壁上 $x = d/2$ 处，有

$$\frac{dv}{dx} \bigg|_{x=d/2} = \frac{3\overline{v}}{d} \tag{3.20}$$

代入到黏性流体内摩擦剪力公式（3.14）中得：

$$\tau = \eta \frac{dv}{dx} \bigg|_{x=d/2} = \eta \frac{3\overline{v}}{d} \tag{3.21}$$

则侧壁总的黏性阻力为

$$F_{visco} = 2dh\eta \frac{3\overline{v}}{d} \tag{3.22}$$

式中：$h$ 为液体液面上升的高度。

流体自身的重力为

$$F_{grav} = \rho 1 dh g = \rho dh g \tag{3.23}$$

式中：$\rho$ 为流体的质量密度；$g$ 为重力加速度。

上述三个力的合力为

$$F = F_{cap} - F_{visco} - F_{grav} \tag{3.24}$$

由于液体在平行板裂隙中流动时不仅有自身的速度变化（即存在加速度），也有液体质量的变化，因此在考虑液体流动的总惯性效应时，必须同时考虑这两种变化的作用。在建立流体动力学方程时，需应用动量定理。根据液体在平行板裂隙中流动的情况，其动量定理可写为

$$\frac{d(m\overline{v})}{dt} = F \tag{3.25}$$

式中：$m$ 为流体的质量，且有 $m = \rho \cdot 1 \cdot d \cdot h$，$\overline{v}$ 为平均流速，$\overline{v} = dh/dt$；$F$ 为毛细驱动力、黏性阻力和自身重力的合力。从而得：

$$\frac{d(m\overline{v})}{dt} = \frac{d(\rho dh\dot{h})}{dt} = 2T_s\cos\theta_r - 2dh\eta\frac{3\dot{h}}{d} - \rho dh g$$

即

$$\rho d\frac{d(h\dot{h})}{dt} = 2T_s\cos\theta_r - 6\eta h\dot{h} - \rho dh g \tag{3.26}$$

若将方程左边的项（惯性项）移到右侧得：

$$2T_s\cos\theta_r - 6\eta h\dot{h} - \rho dh g - \rho d\frac{d(h\dot{h})}{dt} = 0 \tag{3.27}$$

从该方程可以看出，从动力学平衡的角度，起驱动作用的力是毛细压力，而黏性力、自身重力以及惯性力都是阻力。

毛细水在平行板裂隙间上升的过程是各种力共同作用的结果，但不同阶段各个作用力起的支配性作用并不相同，因此，水分流动上升的作用机制也不尽相同。在不同上升阶段考虑主要的支配力，简化公式（3.27），求解相应的非线性微分方程，即可得到此阶段毛细水上升高度的解析解。由于数学处理上的难度，水分上升高度的解（无论是隐式解还是显形解）可以在忽略惯性力作用的前提下给出。

## 3.4 本 章 小 结

本章对有机玻璃板拼接而成的垂直平行板裂隙分别进行了常温下及温度梯度下的液态水迁移试验，推导了垂直平行板裂隙中毛细水上升公式，并与试验结果进行了对比分析；总结分析了岩体中垂直平行板裂隙的特性，并推导了其中的毛细动力学方程，主要结论如下：

（1）平行板裂隙中液态水迁移高度主要受到壁面润湿特性（接触角）与隙宽的影响：接触角越小，隙宽越小，毛细水上升高度越大；温度对毛细水上升的影响非常有限。

（2）对于岩体中的垂直平行板裂隙而言，岩石壁面的表观接触角均可视为 0，即为完全润湿表面，此种情况下，仅当隙宽 $d<0.1\mathrm{mm}$ 时，其中的毛细水上升高度才比较明显（$h=15\mathrm{cm}$）。也即在岩体的垂直平行板裂隙中，仅当裂隙宽度 $d<0.1\mathrm{mm}$ 时，才需考虑毛细水迁移作用。

（3）毛细水在平行板中上升时，实际上还会受到黏性阻力和惯性力的作用，因此最终上升高度要小于平行板裂隙中毛细水上升公式的结果。

# 第 4 章  岩体裂隙中成冰机理试验研究

从第 2 章的试验可以得出，温度梯度作用下岩体裂隙中水分迁移以两种形态存在，分别为气态迁移和液态迁移；由第 3 章的试验及理论分析又可以明确岩体裂隙中液态水迁移的数量非常有限，仅当裂隙隙宽小于 0.1mm 时，毛细水才有比较显著的迁移高度。可以判断，在绝大多数裂隙发育的情况下，当地表降温使得岩体中存在温度梯度时，其中的水分迁移形态以气态为主。

为了进一步明确气态迁移下岩体中夹冰裂隙的出现过程及相关影响因素，最直观的方法是通过室内试验重现岩体中夹冰裂隙的出现过程，并观测在此过程中温度及水分的变化情况，具体设计思路、试样、试验装置及试验步骤等如下所述。

## 4.1  设  计  思  路

通过第 2 章的试验，初步明确了单向降温状态下裂隙岩体中的水分迁移形态，但尚未通过试验观察到夹冰裂隙的出现。其可能的原因有：①温度控制不够严格：仅在试样顶部设有控温板，试样周围包裹了保温橡塑海绵，整个试样置于室内，试样温度受环境温度（8～11℃之间）影响明显，负温区的范围小，温度梯度不够显著，整个试验过程中迁移的水量非常有限（仅 25mL）；②水泥砂浆试样未充分饱和：水泥砂浆试样虽经过了 6d 的浸泡，但因其结构较为致密，饱和度非常有限，因此难以在较短时间内发生冻胀开裂；③试样较高，水分迁移路径长，因此水分聚集效果不明显；④试样顶部与外界连通顺畅，以气态形式迁移的这部分水分直接进入大气。

基于以上的原因分析，为了观察到试样中夹冰裂隙的出现，对试样及装置进行如下改变：①严格控制环境温度，除了增加底部控温板外，将整个安装完的试样整体置于冻融箱中，冻融箱的温度设定与底部控温板一致，更好地模拟基岩中的单向冻结情况；②试样高度由 80cm 变为 30cm，减少水分迁移路径；③试样顶部增加一定的密封性；④在具备岩石一般特性的基础上，调整试样的材质，使其更易吸水，更易发生冻胀开裂，以加快试验进程；⑤改进监测设备，能够及时高效的获取试样中的温度及迁移水量变化。

# 4.2　试样的准备和试验方法

## 4.2.1　试样的选择及准备

为了研究裂隙岩体中夹冰裂隙的形成过程及相应机理，若能选择带有天然裂隙的岩体作为试样则是最理想的，但考虑到实际裂隙岩体中，裂隙的走向往往是不规则的，裂隙中也经常有充填物，此外，岩石基质也多是非均质的，难以有效控制试验变量。因此，预制了 A、B 两块水泥试块，每块的尺寸均为 12cm×5cm×30cm。水泥试块由 P.O 42.5 水泥和自来水拌和浇筑而成，水灰比（$w/c$）为 0.5，试块浇筑好后在标准养护室内养护 28d［$T=(20\pm2)$℃，相对湿度 RH＞95％］。水泥试块的物理力学参数如表 4.1 所示。试块的孔隙率和抗拉强度接近粗砂岩，因此水泥试块拼接裂隙岩体试样可近似看作是对粗砂岩裂隙岩体的模拟。

表 4.1　　　　　　　　　　　　　　水泥试块的物理力学参数

| 类型 | 孔隙率/% | 渗透系数/(cm·s$^{-1}$) | 抗压强度/MPa | 抗拉强度/MPa |
|---|---|---|---|---|
| 水泥试块 | 14.3 | 2.5×10$^{-13}$ | 27.5 | 5 |

将养护好的水泥试块 A 和 B 在水中浸泡 7d，使试块本身饱和，然后利用铁皮和螺栓将两个试块的侧面（5cm×30cm）拼接在一起，形成具有单条垂直裂隙的岩体试样，如图 4.1 所示，裂隙中处于不饱和状态。

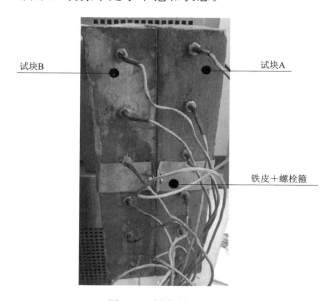

图 4.1　拼装好的试样

以此来模拟最简单的一类裂隙岩体，即带有一条垂直贯通裂隙的岩体，如图 4.2 所示。

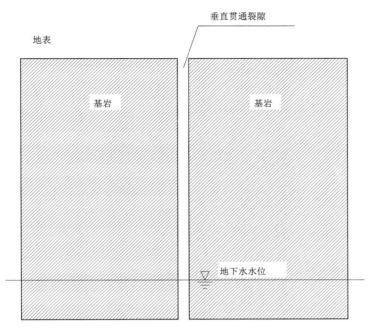

图 4.2　带有一条垂直贯通裂隙的岩体示意图

## 4.2.2　试验方法

自然界中常见的带有夹冰裂隙的岩体环境条件为：基岩底部接近或位于地下水位线以下，基岩表面随着环境温度的降低而不断降温，0℃等温线不断下移，直至达到某一平衡位置，另外，当基岩表面水平时，可将基岩中的温度场近似简化为垂直方向的一维温度场。为模拟此种情况，将试样底部保持正温（2℃）且置于恒定补水水位线以下，试样顶部安装控温板（−5℃），试样自顶部开始降温，试样周围用隔热海绵包裹，使得试样内形成垂直方向的一维温度场，研究此种情况下试样中夹冰裂隙的产生及相关机理。

在整个试验过程中，通过预埋于试样中的测温元件及与试样底部补水液面连通的马氏瓶中液位高度的变化来监控试样中的温度及水量迁移情况，当水量迁移停止后，中止试验，并观察试样的冻胀风化状况。

# 4.3　试　验　装　置

试验装置一共由六部分组成，分别为试样承托系统、控温系统、隔热保温系统、补水系统、测温系统及数据自动采集系统。

（1）试样承托系统：如图 4.3 所示，此系统由控温底板和有机玻璃方形筒组成，利用玻璃胶将控温底板和有机玻璃筒黏结在一起，试样则置于控温底板上，周围为有机玻璃板，这种方式可以使得控温底板上保持一定的补水水位，同时周边的有机玻璃板可以有效防止水分的散失，也更方便在周围包裹隔热层。

图 4.3　试样承托系统

（2）控温系统：由三部分组成，分别为上、下控温部分及环境温度控制部分。上、下控温板通过橡胶管与冷液箱连接，冷液不断在控温板内循环，从而使得控温板保持在设定温度。当试样整个安装及包裹完成后，为了减少室温（试验在春季进行，室温约在 18℃）的影响，将试样整体置于冻融循环试验箱（XT5405FSC）内，其内的温度设置与底板温度一致，即为 2℃。

（3）隔热保温系统：用橡塑海绵包裹有机玻璃筒，使得试样在垂直方向上（沿着裂隙方向）保持为一维传热状态；用橡塑海绵包裹控温顶、底板及控温板与冷液的连接管，减少冷量的损耗。

（4）补水系统：采取马氏瓶作为试样底部水位的补给系统。马氏瓶的内径为 2cm，高度为 80cm，刻度精度到 mm，每厘米刻度的变化对应水分变化量为 3.14mL，除了通过马氏瓶身刻度直观读取试验过程中的水位变化外，马氏瓶顶部还连接有压力传感器，可通过传感器的读数变化判断瓶中的水位变化，压力传感器与自动化数据采集器（BGK - MICRO - 40，基康）相连。控温底板有一处开孔，通过橡胶软管与马氏瓶相连。为了能方便观察液态水的迁移路径，在马氏瓶中加入红色荧光染色剂，具体装置如图 4.4 所示。

（5）测温系统：将测温元件通过外接引线连接至自动化数据采集器（BGK -

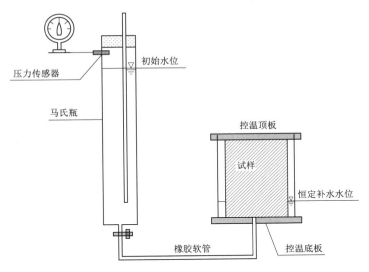

图 4.4 马氏瓶补水及测量系统

MICRO-40，基康），测温元件采用铂热电阻 PT100，测量精度为±0.3℃。为保证测量结果的可靠性，在试块 A 和试块 B 上均安装了一排测温元件，具体的位置及对应的编号如图 4.5 所示。

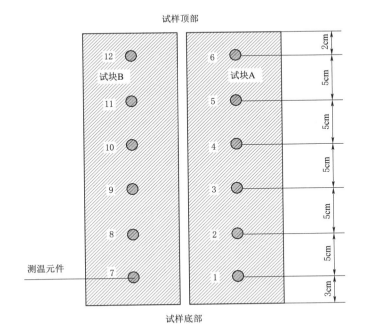

图 4.5 测温系统

（6）数据自动采集系统：将温度传感器和压力传感器的接线端分别连接至自动数据采集仪，在整个试验过程中，自动采集并记录试验中的温度及水位变化情况。

安装完成后的试样及装置如图 4.6 所示。

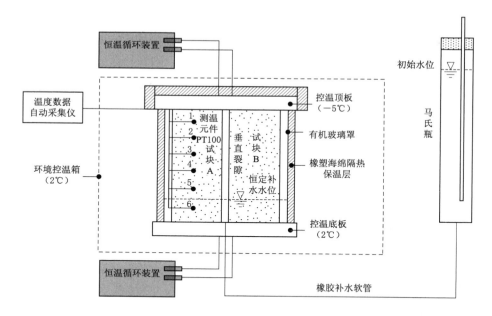

图 4.6　安装完成后的试样及装置图

# 4.4　试　验　步　骤

（1）安装测温元件：在试块 5cm×30cm 这一面的预制测温孔内安装 PT100 测温元件，并用水泥砂浆封口。

（2）饱和试块：将试块浸泡 7d，使试块饱和。试验的主要关注对象为垂直裂隙中水分迁移及夹冰裂隙形成过程，将试块饱和之后，在整个试验的过程中可近似忽略试块本身内部的水分迁移情况，避免对最终结果造成显著影响。

（3）拼接试块：将两个饱和预制试块的 12cm×30cm 这一面对接拼装起来，用铁皮加螺栓的形式箍紧两个试块，形成带有垂直贯通裂隙的试样。

（4）安装试样：在冻融循环箱内，将试样置于控温底板上，安装控温顶板，用橡塑海绵包裹有机玻璃方形管周围及控温顶、底板。

（5）测温及补水系统准备：将测温元件的传输线连接至自动化数据采集器，打开马氏瓶补水系统。试样底部补水液面距离控温底板为 3cm，马氏瓶中液面的初始位置对应刻度为 76cm。

（6）启动控温系统：顶板温度为 −5℃，底板温度为 2℃，冻融循环箱内温度为 2℃。

（7）数据记录：设定自动化数据采集器自动采集时间间隔为0.5h，包括测温元件及马氏瓶内的压力传感器。

## 4.5　试验结果及分析

试验开始后约18h，试样内的温度基本达到平衡，0℃等温线约位于试样顶部向下10cm处。马氏瓶中的水位在试验开始后变化明显，自第10天起，水位基本保持不变，第12天开始水位又有较明显变化（对应刻度变化大于2cm），最终在第16天结束试验。

### 4.5.1　试验现象

如图4.7、图4.8所示，当拆除控温顶板时，试样顶部周边的胶带（用作密封）里侧分布有约10mm的霜，将试样从玻璃方筒中取出时，试样周边、零度锋线范围以内，凝结着一层厚度为7～10mm的霜层，可以判断：这些霜层均是水蒸气遇冷凝结而成。

图4.7　试验结束后的试样顶部

如图4.9所示，试块A的负温区表面产生了一道水平、一道垂直的贯通裂隙，分别标记为裂隙A-1和裂隙A-2，试块B的负温区表面产生了两道接近水平的贯通裂隙，分别标记为裂隙B-1和裂隙B-2。将试块A、试块B分开后，可看到试块拼接表面，0℃线范围之内同样满布冰霜，厚度为2～3mm，拼接表面有明显水分迁移痕迹，但爬升高度在零度锋线等温线以下，因此，这些冰霜的形成主要原因为水蒸气在负温区遇冷凝结而成。

沿着裂隙A-1、裂隙A-2掰开试块，可见其中的冰晶，另外也可看出此处裂隙表面有不少较大孔隙存在（图4.10）。裂隙A-1、裂隙B-1是测温元件所处位

图 4.8　试验结束后试样周边负温区的积霜

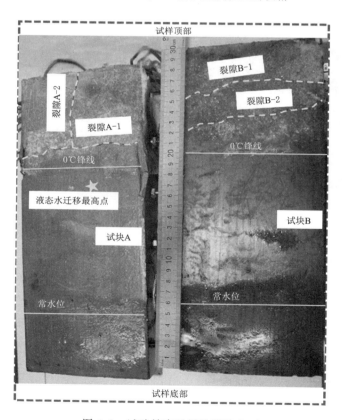

图 4.9　试验结束后拼装裂隙表面

置，测温孔的存在削弱了截面的强度，成为薄弱面，容易在原位冻胀作用下产生开裂。

图 4.10  裂隙 A-1 表面

## 4.5.2  试样中的温度变化

分析各个温度测点得到的温度，发现 1 号、2 号、3 号测点在初始阶段温度的读取及记录有大量数据丢失，12 号测点有几处温度突变，且结果与现实明显不符。故剔除 1 号、2 号、3 号及 12 号测点。最终选用 6 号、11 号、10 号、9 号、8 号、7号测点的数据分别代表试样自顶部向下 2cm、7cm、12cm、17cm、22cm、27cm 处的温度变化。试样内部不同测温点温度变化曲线如图 4.11 所示。

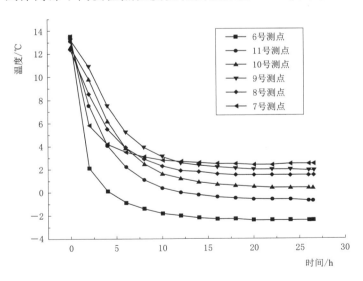

图 4.11  试样内部不同测温点温度变化曲线

从图 4.11 可以看出，在试验开始后的前 8h 内，各个测点的温度曲线斜率很大，说明温度下降迅速，自第 10h 开始，各测点的温度变化趋缓，18h 之后各测点的温度基本保持不变，温度曲线接近水平，说明此时整个试样内已经与外界之间的热交换达到平衡，试样内部形成稳定的温度场，此时试样中的零度温度线位于 10 号测点和 11 号测点之间，即自试样顶部向下约 10cm 处，即此范围内为负温区。

### 4.5.3　试样中的水分变化

在整个试验过程中，马氏瓶中水位变化曲线如图 4.12 所示。

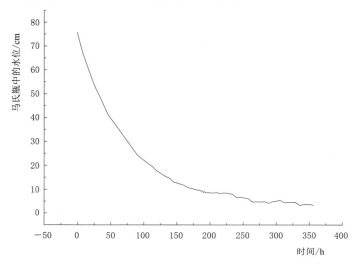

图 4.12　马氏瓶中水位变化曲线

由图 4.12 可以看出，试验开始的前 150h，即 6 天多的时间内，水位曲线斜率很大，表明在这个阶段水位下降迅速，试样内的水分迁移速度很快，但随着时间推移，迁移速度在逐渐变小；150h 之后水位曲线趋向水平，直到 260h 时，即试验进行到第 11 天左右，水位曲线逐渐接近水平，说明此时马氏瓶内的水位基本保持稳定，变化很小，表明了试样内此时的水分迁移活动基本停滞或是处在一种动态的平衡之中。

迁移水量的计算：260h 对应的水位刻度为 5.67cm，初始水位刻度为 76cm，则在整个试验过程中迁移水量达到（76－5.67）×3.14＝221（mL）。

### 4.5.4　试验结果分析

#### 4.5.4.1　水的迁移形态

对于试验中的试样而言，水分可能迁移的路径分别为试块本身、试块 A 和试块 B 拼接形成的垂直裂隙、试样与有机玻璃罩之间的空隙。

Akagawa 等[27] 曾对孔隙率为 37.9％ 的饱和 Welded 凝灰岩试样（直径为 29cm，高为 25cm 的圆柱）进行单向冻结补水试验：试验共进行约 1000h，试验结束后观察到有明显的水平分凝冰层。当试验进行到 20h 后，底部补水瓶中的液面开始出现下降，说明水分开始不断由试样暖端向冷端迁移，补给分凝冰的不断生长。但在整个试验过程中补水瓶中的液面总共下降了约2.4cm，对应的迁移水量总计约为6.5mL。试验中水泥试块的孔隙率为14.3%，对照来看的话，水泥试块中的液态水迁移量应该也是小于10mL的，与马氏瓶中最终显示的迁移水量（221mL）相比，仍然是很少的；对于试块A和试块B拼接形成的垂直裂隙而言，由于拼接时并未对裂隙进行饱和，因此垂直裂隙是不饱和的，其中应同时存在气态和液态迁移，由图4.9可看到液态水迁移的最大高度为12cm，尚未到达0℃线，假设裂隙宽度为1mm，则裂隙中液态水迁移总量约为10mL；对于试样与有机玻璃罩之间的空隙而言，试样侧壁与有机玻璃罩之间的距离为1.5～2.5cm，难以形成液态水迁移通道。另外，试样负温区壁面冰层主要的呈现形态为霜，也可以推断是气态水在此遇冷凝华而成。

综上，对本试验中的试样而言，其水分迁移形态以气态水为主。

（1）气态迁移存在临界点。

当试验进行到260h左右时，水位曲线接近水平线，说明此时水蒸气迁移已达到一个动态的平衡，即水变汽的速度等于汽变水的速度。表明在此种试验条件下，即便补水水位保持恒定，水蒸气迁移也不会无休止进行下去，而是存在一个临界点，当达到此临界点时，气态迁移达到动态平衡，表现为马氏瓶中的补水液面不再发生变化。

（2）岩石试样冻裂成因分析。

由图4.2～图4.4中的结果，可以推测出此种带有垂直裂隙岩体中的冻胀开裂发展过程：①原位冻胀导致负温区的薄弱截面（孔隙较发育、预制测温孔削弱了相应截面强度）产生初始裂隙；②垂直裂隙中的水蒸气在负温区的冷表面（包括初始裂隙表面和既有裂隙表面）遇冷凝华成霜，导致整个垂直裂隙中水蒸气的浓度梯度发生变化，于是水蒸气不断由底部水位附近向上迁移；③与此同时，霜层或冰层不断生长，同时伴随着复杂的冰霜转换过程，最终导致了夹冰裂隙的出现。

（3）一种新的岩体裂隙中的成冰机理。

根据以上试验过程及结果提出一种新的岩体裂隙中的冰层形成机理，即裂隙-结霜作用，具体表述为：在带有贯通裂隙的，位于地下水位之上的岩体中，当地表降温使得岩体中出现负温区时，周围的水蒸气在冷表面处（既有裂隙或原位冻胀导致裂隙的壁面）凝华成霜，由此导致了贯通裂隙中水蒸气浓度梯度的变化，进一步促使了水蒸气不断由底部水位附近向上迁移，与此同时，裂隙中的霜层不断生长，同时伴随着复杂的冰霜转换过程，最终导致了夹冰裂隙的出现，岩体发生冻胀损伤，具体过程如图4.13所示。

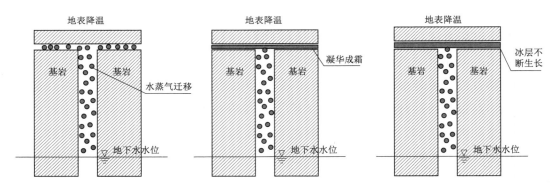

图 4.13　裂隙-结霜作用导致的裂隙冰层形成过程

裂隙-结霜作用发生的条件包括岩体底部有与地下水位连通的贯通裂隙，岩体负温区有初始裂隙且负温区可形成相对封闭的状况使得水蒸气不易逃逸。

原位冻胀和冰分凝是目前为止岩石冻胀风化的两种主要机理。原位冻胀的条件相对苛刻，需要岩石或裂隙具有一定的饱和度且处在封闭系统中，这些条件在自然界中相对少见，只在特定情况下才会出现；而冰分凝机理虽然对于环境条件的要求相对宽松，但岩石中水分的迁移和分凝冰的生长需要很长时间，且目前的试验结果和理论研究表明冰分凝主要发生在孔隙较为发育的软岩—中等硬度的岩石中（如石灰岩、凝灰岩及砂岩），这些岩石本质上与易冻土的微观结构类似，只是结构上更加致密而已[26-30]。而在自然界中，岩体多是以岩石-裂隙的二相体形式存在。当存在与地下水位连通的贯通裂隙时，当地面降温，裂隙中出现冷表面时，周围的水蒸气在裂隙壁面上遇冷凝华成霜，使得贯通裂隙沿程水蒸气密度发生变化，又进一步加速了水蒸气的迁移，负温区裂隙内霜层的不断生长及霜冰的转化过程导致了夹冰裂隙的产生。可以推断，裂隙-结霜作用可能是导致岩体裂隙中冰层生长的更为广泛的机理。

## 4.6　本　章　小　结

用两块水泥试块拼接而成的试样模拟带有垂直贯通裂隙的岩体，底部补水，顶部降温（−5℃），试样侧及底板保持正温（2℃）的条件下，观察模拟岩体中夹冰裂隙的出现过程，并监测水分及温度的变化，试验共进行了约 360h，具体结论如下：

（1）在此种温度梯度及补水条件下，当试样顶部密封性较好时，在整个试验过程中，试样内的水分以气态迁移为主，且在负温区以凝华成霜的形式聚集起来，裂隙中液态迁移的量基本可忽略。

（2）试样中的气态迁移存在一个临界点，当到达此点时，水变成蒸汽和蒸汽变成水的速度相等，负温区的霜层停止生长。

（3）提出一种新的岩体裂隙中的成冰机理，即裂隙-结霜作用，具体可表述为：在带有贯通裂隙的，位于地下水位之上的岩体中，当地表降温使得岩体中出现负温区时，负温区内的水蒸气在冷表面处（既有裂隙或原位冻胀导致裂隙的壁面）凝华成霜，由此导致了贯通裂隙中水蒸气浓度梯度的变化，进一步促使了水蒸气不断由底部水位附近向上迁移。与此同时，裂隙中的霜层不断生长，同时伴随着复杂的冰霜转换过程，最终导致了夹冰裂隙的出现，岩体发生冻胀损伤。

# 第 5 章　低温岩体裂隙中气态水迁移机理研究

由第 2 章和第 4 章的试验可以直观得出,当裂隙岩体底部有地下水存在且地表降温时,地下水主要以水蒸气的形式向上大量迁移。岩体裂隙中为空气-水分的二元混合物,水蒸气由地下水位附近向上迁移的过程,是典型的传质过程,其中浓度差是质量传递的推动力。温度梯度和总压力梯度的存在也会产生扩散,分别为热扩散及压力扩散,这些扩散的结果会引起相应的浓度扩散。不过当温度梯度或总压力梯度不大时,热扩散和压力扩散所引起的质量传递往往可以忽略不计[105]。依据试验条件,试样周边及裂隙中的总压力均为 1 个大气压,即不存在压力梯度,同时温度梯度相对也较小,因此以下的分析及讨论主要针对由于浓度梯度引起的质量传递过程。

试验涉及的裂隙中,底部存在补水水位,在蒸发作用下,水蒸气不断进入裂隙中,靠近裂隙顶部处的水蒸气由于扩散进入大气或者在裂隙壁面的负温区遇冷凝华成霜,使得裂隙顶部区域的水蒸气浓度降低,从而导致垂直裂隙沿程的水蒸气具有一定的浓度差,在此浓度差的作用下,水蒸气不断向上迁移。试验中的裂隙顶部并未与大气彻底隔离,仍然存在一定的连通性,因此裂隙中水蒸气的迁移存在两种方式:一种从裂隙顶部扩散进入大气;另一种在裂隙壁面负温区凝华成霜。因此,以下分析考虑两种情况:第一种为常温时水蒸气在开放岩体裂隙中的迁移;第二种为地表降温,负温区裂隙壁面存在结霜作用时水蒸气在岩体裂隙中的迁移,两种方式的累加代表了试验中岩体裂隙中的水分迁移状况。

## 5.1　常温下水蒸气在开放岩体裂隙中的迁移

如图 5.1 所示,考虑一种简化的裂隙情况,即垂直贯通裂隙,裂隙顶部直接与大气连通,底部在地下水位之下。此种情况下,水蒸气在裂隙中的迁移可看作是底部的水层向顶部大气的扩散过程。

水面上水分的蒸发,水蒸气不断地向上扩散。此外,假设在地表裂隙口部有一股极低流速的气流不断地把水蒸气带走,则可建立起一个稳态的扩散过程来。假设:①扩散过程是稳态的;②系统是等温的;③水面上方气空间的压力 $p_0$ 为常数;

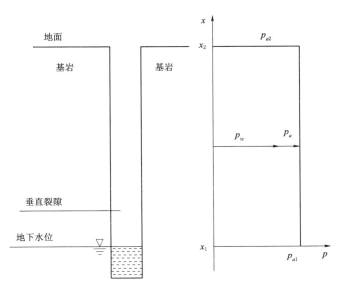

图 5.1 常温下水蒸气在岩体开放裂隙中的单向扩散

④将混合气体看作是理想气体。

则由假定可知

$$p_0 = p_w + p_a = 常数$$

所以

$$\frac{dp_a}{dx} = -\frac{dp_w}{dx} \tag{5.1}$$

式中：$p_w$ 为水蒸气分压力，Pa；$p_a$ 为空气分压力，Pa。

$dp_a/dx$ 并不是常数，系统中 $p_a$、$p_w$ 的变化如图 5.1 所示，由于空气在水中的溶解度几乎为 0，不能向水中扩散，因此空气的分压力梯度在接近水面处几乎为 0。另一方面，裂隙顶部开口处空气的分压力显然要大于水面上的分压力，因而必然有空气不断地从裂隙顶部向裂隙底部扩散，这样便会在水平面上积聚越来越多的空气。为了维持一个稳定的扩散过程，可以设想一定会有一股沿水面的法线方向向上流动的混合气流。该混合气流中夹带有空气，以补偿从量筒口向水面的空气扩散。在量筒的任一截面上这股向上的气流的流速应使该截面上空气的净质量交换率 $N_a$（空气向下扩散与补偿气流向上夹带的空气之差）为 0，即

$$N_a = -\frac{D}{RT}\frac{dp_a}{dx} + c_{a,x}v_x = 0 \tag{5.2}$$

式中：$D$ 为质扩散系数，$\mathrm{m^2/s}$；$c_{a,x}$、$v_x$ 分别为 $x$ 截面处气体中空气的物质的量浓度及补偿气流的流速，$\mathrm{mol/m^3}$，$\mathrm{m/s}$，由此得：

$$v_x = \frac{D}{RT}\frac{dp_a}{dx}\frac{1}{c_{a,x}} = -\frac{1}{c_{a,x}}\frac{D}{RT}\frac{dp_w}{dx} \tag{5.3}$$

于是，该截面上水蒸气的总质量交换率 $N_w$ 为

$$N_w = -\frac{D}{RT}\frac{dp_w}{dx} + v_x c_{w,x} = -\frac{D}{RT}\frac{dp_w}{dx} - \frac{D}{RT}\frac{dp_w}{dx}\frac{c_{w,x}}{c_{a,x}} \tag{5.4}$$

式中：$c_{w,x}$ 为 $x$ 截面处气体中水蒸气的物质的量浓度，$mol/m^3$，对于理想气体，有

$$c_{w,x} = \frac{p_w}{RT}, \; c_{a,x} = \frac{p_a}{RT}$$

所以

$$\frac{c_{w,x}}{c_{a,x}} = \frac{p_w}{p_a} \tag{5.5}$$

将式（5.5）代入式（5.4）得：

$$N_w = -\frac{D}{RT}\frac{p_w + p_a}{p_a}\frac{dp_w}{dx} = -\frac{D}{RT}\frac{p_0}{p_0 - p_w}\frac{dp_w}{dx} \tag{5.6}$$

为了得出用两个截面上的分压力表示的扩散过程中物质的量的通量密度计算式，将式（5.1）代入式（5.6）得：

$$\frac{dp_a}{p_a} = \frac{RT}{Dp_0}N_w dx \tag{5.7}$$

将式（5.7）从截面 1 到截面 2 积分，并利用稳态过程中 $N_w$ 与 $x$ 无关的条件，可得：

$$N_w = \frac{Dp_0}{RT}\frac{1}{\Delta x}\ln\frac{p_{a2}}{p_{a1}} \tag{5.8}$$

如果以水蒸气的气体常数 $R_w$ 来代替摩尔气体常数 $R$，则计算得到的是质量通量密度（单位时间内单位截面积上所扩散的质量），即

$$M_w = \frac{Dp_0}{R_w T}\frac{1}{\Delta x}\ln\frac{p_{a2}}{p_{a1}} \tag{5.9}$$

由式（5.9）可以看出，当总压力恒定时，此种裂隙中影响水蒸气迁移量多少的因素包括水蒸气在大气中的扩散系数 $D$、空气温度 $T$、扩散距离 $\Delta x$ 及裂隙开口处与地下水位之间的空气分压力差。扩散系数 $D$ 越大，空气温度 $T$ 越低，扩散距离越小及裂隙开口处与地下水位之间的空气分压力差越大，水蒸气迁移量越大；反之则水蒸气迁移量越小。

以第 4 章的试验为例，不考虑负温区结霜，将试验条件视为常温下水蒸气在开放裂隙中的迁移，则计算条件为：$p_0 = 1.0132 \times 10^5 Pa$，$p_{w2} = 0$，整个系统的温度为 2℃，蒸发面积为 $0.15 \times 0.15 - 0.12 \times 0.1 = 0.0105 m^2$。

由水蒸气表[106] 可查出 2℃时 $p_{w1} = 0.00705 \times 10^5 Pa$，2℃时水蒸气在大气中的扩散系数 $D$ 为

$$D = D_0 \left( \frac{T}{T_0} \right)^{1.5} = 0.256 \times 10^{-4} \left( \frac{275}{298} \right)^{1.5} = 0.224 \times 10^{-4} \, (\text{m}^2/\text{s})$$

则

$$p_{a1} = p_0 - p_{w1} = (1.0132 - 0.00705) \times 10^5 = 1.00615 \times 10^5 \, (\text{Pa})$$

$$p_{a2} = p_0 - p_{w2} = (1.0132 - 0) \times 10^5 = 1.0132 \times 10^5 \, (\text{Pa})$$

$$M_w = \frac{D p_0}{R_w T} \frac{1}{\Delta x} \ln \frac{p_{a2}}{p_{a1}} = \frac{0.224 \times 10^{-4} \times 1.0132 \times 10^5}{\left( \frac{8314}{18} \right) \times 275 \times 0.3} \times \ln \frac{1.0132 \times 10^5}{1.00615 \times 10^5}$$

$$= 4.16 \times 10^{-7} \, (\text{kg} \cdot \text{m}^2/\text{s})$$

则蒸发率为

$$M_w A = 4.16 \times 10^{-7} \times 0.0105 = 4.37 \times 10^{-9} \, (\text{kg/s})$$

所以在整个试验过程中（260h），总的蒸发量应为

$$4.37 \times 10^{-9} \times (3600 \times 260) = 4.09 \times 10^{-3} \, (\text{kg}) = 4.09 \, (\text{g})$$

即第 4 章的试验若仅考虑为常压下，一定温度下（2℃）水蒸气的单向扩散问题，则在整个试验过程中，水分总的迁移量仅有 4.09mL，远远小于试验中测得的迁移水量（221mL），说明在整个试验过程中，此种情况下水蒸气的迁移量非常小，相对试验中得到的迁移水量，基本上可以忽略不计。说明结霜作用应是试验条件下导致水分迁移的主要驱动力。

## 5.2　裂隙壁面结霜条件下水蒸气在岩体裂隙中的迁移

考虑如图 5.2 所示的岩体裂隙条件，垂直裂隙，顶部有基岩覆盖，底部有地下水位，其中总的空气压力为 101.3kPa。

在此种近似封闭的条件下，当温度一定时（正温），液态水以水蒸气的形式向空气中蒸发，当达到平衡状态时，液态水与气态水之间无进一步的物质交换。此种平衡状态下单位体积空气中的水蒸气质量（$\rho_v$）即为水蒸气密度或绝对湿度，可通过将理想气体定律应用到水蒸气组分中进行计算得到，此时对应的水蒸气压力 $p_w$ 为饱和蒸汽压。表 5.1 为总气压为 101.3kPa 时不同温度下对应的绝对湿度及饱和蒸汽压，可见随着温度的增加，绝对湿度在不断增大。

此时裂隙内空气中的水蒸气达到饱和状态，$p_{w1} = p_{w2}$。当地表开始降温后一段时间，裂隙壁面出现负温区时，水蒸气在负温壁面处遇冷凝华成霜，从而导致负温壁面处水蒸气密度下降，在整个垂直裂隙中产生水蒸气浓度梯度，在浓度梯度的作用下，水蒸气不断由底部补水位附近向顶部负温区迁移。依据质量守恒定律，此时空气中水蒸气的迁移量 $M_w$ 等于结霜计算中的水蒸气质量通量 $m_v$。

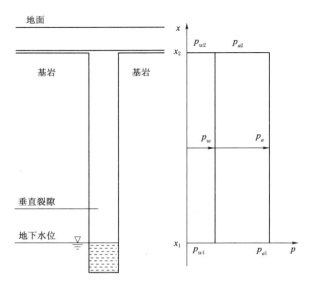

图 5.2 常温下水蒸气在岩体封闭裂隙中的扩散

表 5.1 在 101.3kPa 总气压的条件下，饱和蒸汽压、绝对湿度与温度之间的关系[85]

| 温度 $T$ /K | 饱和蒸汽压 $p_w$ /kPa | 绝对湿度 $\rho_v$ /(g/m³) | 温度 $T$ /K | 饱和蒸汽压 $p_w$ /kPa | 绝对湿度 $\rho_v$ /(g/m³) |
|---|---|---|---|---|---|
| 268.2 | 0.421 | 3.398 | 273.2 | 0.611 | 4.842 |
| 269.2 | 0.455 | 3.659 | 274.2 | 0.657 | 5.187 |
| 270.2 | 0.49 | 3.926 | 275.2 | 0.705 | 5.546 |
| 271.2 | 0.528 | 4.215 | 276.2 | 0.758 | 5.942 |
| 272.2 | 0.568 | 4.518 | 277.2 | 0.813 | 6.35 |

其具体计算及相关影响因素分析见第 6 章。

# 5.3 本 章 小 结

本章中分析考虑两种情况，第一种为常温时水蒸气在开放岩体裂缝中的迁移；第二种为地表降温，负温区裂隙壁面存在结霜作用时水蒸气在岩体裂隙中心迁移，两种方式的累加代表了试验中岩体裂隙中心水分迁移状况，具体结论如下：

（1）对于寒区带有贯通裂隙，底部有地下水位的裂隙岩体而言，裂隙中气态水迁移的主要驱动力为结霜作用导致的沿程水蒸气的浓度差。

（2）即便是开放裂隙，在常温（正温）时扩散进入大气的水蒸气量非常少，相比结霜作用导致的浓度差引起的迁移量，基本可忽略不计。

（3）对于接近封闭状态的裂隙，当裂隙壁面出现负温区时，依据质量守恒定律，其中的水蒸气迁移量等于结霜量。

# 第6章　岩体裂隙壁面上霜层生长模型及影响因素分析

基于第 4 章的试验及寒区基岩夹冰裂隙的现场调研，本章提出一种新的岩体裂隙中的冰层形成过程：在带有贯通裂隙的，位于地下水位之上的岩体中，当地表降温使得岩体中出现负温区时，周围的水蒸气在冷表面处（裂隙壁面）凝华成霜，由此导致了贯通裂隙中水蒸气浓度梯度的变化，促使水蒸气不断由底部水位附近向上迁移，与此同时，既有裂隙或原位冻胀形成的裂隙中的霜层或冰层不断生长，最终导致了夹冰裂隙的出现，岩体发生冻胀损伤。

在以上描述的岩体裂隙中的冰层形成过程中，存在两种冰层形成机理：一种为自然对流条件下岩体裂隙壁面上结霜及后期的霜冰转化过程；另一种为窄裂隙中（以热传导为主）水膜迁移导致的冰层生长。本章对第一种机理进行详细分析，将岩石负温区的壁面视为冷板面，从传热传质的基本原理出发，建立一定环境参数下霜层的生长模型。

冷板面上霜层的真实生长过程非常复杂，为简化建模过程，进行了以下前提假设：

假设 1：霜层生长被视为准稳态过程[107]。

假设 2：霜层生长被视为一维问题：即霜层在垂直冷板的方向生长[108]。

假设 3：霜层中给定位置处的气相与固相温度相同[108]。

假设 4：将岩石壁面上的霜层视为多孔介质。过去的几十年中，学者们针对冷表面上霜层的形成进行了大量的研究。Hayashi[109] 将霜层的形成划分为三个阶段：①冰晶生长阶段；②霜层生长阶段；③霜层充分发展阶段。并初次提出了计算霜层密度的经验公式。之后，Tokura et al.[110] 和 Tao et al.[111] 继续此项研究，提出阶段①对应的是冰柱的一维增长，而阶段②对应的是冰柱的三维增长。Hayashi et al.[109] 和 Tao et al.[111] 认为自第②阶段起，可将霜层视为多孔介质，水蒸气的扩散导致霜层变厚和致密化。

依据这些研究，霜层的结构和密度始终处于动态的变化过程。相比霜层生长阶段，冰晶生长阶段存在时间非常短，影响有限；而只有当霜层表面温度升高出现液滴时可能会进入霜层充分发展阶段。因此在本章中认为霜层处于阶段②，即为多孔介质。

假设 5：不考虑重力对霜层生长的影响。

假设 6：冷板及霜层生长空间中周围大气压保持不变，为 1 个大气压。

假定 7：空气及其中的各组分符合理想气体定律。

# 6.1 岩石壁面上霜层生长模型

## 6.1.1 霜层生长模型

常温时水蒸气在相对封闭的裂隙空间中处于平衡状态，即水蒸气处于饱和。当地面降温时，裂隙壁面降至负温，水蒸气在此遇冷凝华成霜，使得水蒸气迁移通道中的浓度梯度发生变化，导致了水蒸气的进一步迁移，同时也使得霜层不断生长，此时霜层与周围湿空气之间的传热以自然对流为主，当相邻壁面有温度差时，还会有辐射传热。取裂隙中一侧的岩石壁面作为分析对象（冷板），建立坐标系如图 6.1 所示。

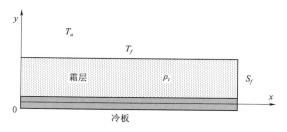

图 6.1 岩石冷板上霜层生长示意图

通过霜层的总的热通量 $q$（$W/m^2$）为对流传热、相变潜热及辐射传热的总和，即

$$q = h(T_a - T_f) + m_v L + f_r \sigma (T_p^4 - T_f^4) \tag{6.1}$$

式中：$h$ 为对流传热系数，$W/(m^2 \cdot K)$；$m_v$ 为水蒸气的质量通量，$kg/(s \cdot m^2)$；；$L$ 为凝华潜热，$J/kg$；$\sigma$ 为 Stefan - Boltzmann 常数，$= 5.7 \times 10^{-8} W/(m^2 \cdot K^4)$；$T_a$、$T_f$ 和 $T_p$ 分别为湿空气温度、霜层表面温度及岩石冷板对面的岩石壁面温度，K；$f_r$ 为辐射系数，取决于霜层、霜层对面岩石壁面的辐射系数及二者之间的几何因子，一般取 $f_r = 0.8$。

水蒸气传递到霜层的质量通量 $m_v$ 与传质系数 $h_D$（$m/s$）有关，表示为

$$m_V = h_D (\rho_{v,a} - \rho_{v,f}) \tag{6.2}$$

式中：$\rho_{v,a}$ 为湿空气中的水蒸气密度，$kg/m^3$；$\rho_{v,f}$ 为霜层表面的水蒸气密度，

$kg/m^3$。

总的热通量 $q$ 和霜层的有效导热系数 $k_f[W/(m \cdot K)]$ 相关，表示为

$$q = k_f(T_f - T_w)/S_f \tag{6.3}$$

式中：$T_w$ 为冷板的表面温度，K；$S_f$ 为霜层厚度，m。将式（6.1）~式（6.3）结合起来可得：

$$k_f(T_f - T_w)/S_f = h(T_a - T_f) + h_D(\rho_{v,a} - \rho_{v,f})L + f_r\sigma(T_p^4 - T_f^4) \tag{6.4}$$

其中凝华潜热 $L$ 为

$$L = 2.88 \times 10^6 - 195 T_f \tag{6.5}$$

最终，在给定时间间隔 $\Delta\tau$ 内沉积的霜层质量 $\Delta M$（每单位面积）为

$$\Delta M = m_V \Delta\tau \tag{6.6}$$

当给定空气温度、相对湿度和冷板表面温度时，理论上可用式（6.3）、式（6.4）和式（6.6）确定霜层生长期间冷板上的霜层厚度、霜层表面温度和热通量。

## 6.1.2 模型中相关系数的确定

### 6.1.2.1 对流传热系数 $h$

依据第 4 章的试验条件可知，岩体试样的结霜壁面周围的湿空气均可看作是有限空间内的自然对流，非强制对流，因此利用传热学中有限空间自然对流传热的试验关联式[105] 计算水平或垂直裂隙中空气的对流传热系数。

如图 6.2 所示，腔体的壁面有高温和低温两部分，设温度分别为 $t_h$、$t_c$，图中未标明温度的另外两个壁面是绝热的。

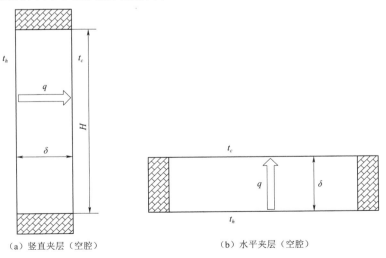

（a）竖直夹层（空腔）　　（b）水平夹层（空腔）

图 6.2　封闭空腔示意图

此时，格拉晓夫数（$Gr$）与牛顿冷却公式中的温差取为 $t_h - t_c$，流体的定性温度取为 $(t_h + t_c)/2$，特征尺度则取为冷、热两个表面间的距离 $\delta$。夹层内的流动主要取决于以夹层厚度 $\delta$ 为特征尺度的 $Gr$ 数为

$$Gr = \frac{g\alpha_V(t_h - t_c)\delta^3}{\nu^2} \tag{6.7}$$

其中
$$\alpha_V = 1/t_m, \quad t_m = (t_c + t_h)/2$$

式中：$g$ 为重力加速度，取 $9.8\,\mathrm{m/s^2}$；$\delta$ 为特征尺度，取为冷、热两个表面间的距离，m；$\nu$ 为夹层中空气的运动黏度，$\mathrm{m^2/s}$。

对于竖夹层，当 $Gr \leqslant 2860$ 时；对于水平夹层（底面为热面），当 $Gr \leqslant 2430$ 时，夹层内的热量传递依靠导热。当 $Gr$ 超过上述数值时，夹层内开始形成自然对流，随着 $Gr$ 的增加，对流的展开越来越剧烈，当 $Gr$ 达到一定数值时会出现从层流向湍流的过渡与转变。只有当夹层内存在对流时，岩石壁面上才有可能出现结霜现象。

对竖夹层：

$$Nu = 0.197(GrPr)^{1/4}\left(\frac{H}{\delta}\right)^{-1/9}, \quad 8.6 \times 10^3 \leqslant Gr < 2.9 \times 10^5 \tag{6.8}$$

$$Nu = 0.073(GrPr)^{1/3}\left(\frac{H}{\delta}\right)^{-1/9}, \quad 2.9 \times 10^5 \leqslant Gr \leqslant 1.6 \times 10^7 \tag{6.9}$$

上式的试验范围：$11 \leqslant \dfrac{H}{\delta} \leqslant 42$。

对水平夹层（底面向上散热）：

$$Nu = 0.212(GrPr)^{1/4}, \quad 1.0 \times 10^4 \leqslant Gr \leqslant 4.6 \times 10^5 \tag{6.10}$$

$$Nu = 0.061(GrPr)^{1/3}, \quad Gr > 4.6 \times 10^5 \tag{6.11}$$

式中：$Nu$ 为霜层周围空气的努塞尔数；$Pr$ 为普朗特数。

因此，当进行岩石壁面的结霜计算时，首先计算壁面所处腔体中的 $Gr$，对于竖夹层，当 $Gr \leqslant 2860$ 时；对于水平夹层（底面为热面），当 $Gr \leqslant 2430$ 时，说明岩石壁面所处空间对流难以展开，夹层中的热量传递为纯导热，此时无法利用结霜模型计算，本书第 7 章将分析此类情况下的冰层生长；当 $Gr$ 超过上述数值时，则依据式（6.8）～式（6.11）计算 $Nu$，进而由 $Nu$ 与 $h$ 之间的关系得出对流传热系数 $h$：

$$h = Nu \cdot k/\delta \tag{6.12}$$

### 6.1.2.2　其他系数的计算

基于 Lewis 类比准则，由对流传热系数 $h$ 推求传质系数 $h_D$，其中的 Lewis 数取为 1，$k$ 为空气的导热系数，$D_V$ 为水蒸气在空气中的扩散系数，有

$$h_D = h D_V / k \qquad (6.13)$$

霜层的导热系数 $k_f$ 由 Sanders[112] 通过试验得到的经验公式（6.14）计算，其适用范围为 $T_w \geqslant -22℃$，$\rho_f \leqslant 500\mathrm{kg/m^3}$。

$$k_f = 0.001202 \rho_f^{0.963} \qquad (6.14)$$

霜层密度由 Hayashi et al.[113] 得到的经验公式（6.15）进行计算，其适用范围为 $T_w \geqslant -25℃$。

$$\rho_f = 650\exp[0.227(T_f - 273.15)] \qquad (6.15)$$

### 6.1.3 霜层生长计算过程

首先利用 $Gr$ 判断相应的岩石壁面是否符合结霜计算条件，即对于竖夹层 $Gr > 2860$ 时；对于水平夹层（底面为热面）$Gr > 2430$ 时。当符合结霜条件时，计算对流换热系数 $h$，然后按照以下步骤计算霜层厚度 $S_f$、霜层表面温度 $T_f$ 及总的水蒸气通量。

（1）初始时间 $\tau = 0$ 时，取 $T_{f1} = T_w$。

（2）选择给定计算时间间隔 $\Delta\tau$。

（3）用式（6.2）和式（6.6）~式（6.15）计算确定 $m_V$、$h$、$h_D$、$\rho_f$、$k_f$ 和 $\Delta M$。

（4）在初始时间间隔 $\Delta\tau$ 内，沉积的霜层厚度为

$$S_f^* = \Delta M / \rho_f \qquad (6.16)$$

（5）通过迭代计算式（6.4），求解 $T_{f2}$。

（6）重新计算 $m_V$、$h$、$h_D$、$\rho_f$、$k_f$ 和 $\Delta M$；式（6.14）中用沉积在冷板上的平均霜层密度取计算霜层的表观导热系数 $k_f$。

（7）在第 2 个 $\Delta\tau$ 时间间隔内霜层厚度为

$$S_f = S_f^* + \Delta M / \rho_f \qquad (6.17)$$

利用数值计算软件 MATLAB 将上述计算过程进行编程，以下的相关结果均由此程序计算得到。

为了与第 4 章的试验结果进行验证，结霜计算时间与试验时间保持一致，取为 260h，每个计算时间步长为 1h，即 3600s。

## 6.2 模型应用及验证

为验证以上自然对流条件下岩石壁面结霜模型，在此利用模型计算第 4 章试验条件下的结霜过程，并与试验结果进行对比分析。

### 6.2.1　试样冷表面组成

#### 6.2.1.1　初始冷表面组成

试样由试块 A 和试块 B 拼接而成，试样顶部控温板为 $-5℃$，试样底部控温板为 $2℃$，当试样内温度稳定后（约试验开始后 18h），$0℃$ 等温线约在顶部向下 10cm 处，即由试样顶部向下约 10cm 范围内为负温区。如图 6.3 所示，试块 A 在负温区的冷表面有正面 $c_1$ 面、背面 $c_2$ 面、侧面 $d_1$ 面，既有裂缝面 $e_1$ 及顶面 $f_1$；试块 B 在负温区的冷表面有正面 $c_3$ 面、背面 $c_4$ 面、侧面 $d_2$ 面，既有裂缝面 $e_2$ 及顶面 $f_2$。

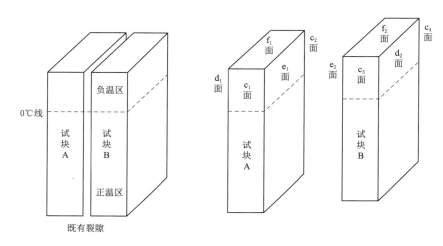

图 6.3　试样中初始冷表面组成示意图

试块 A 和试块 B 的尺寸均为 $12cm \times 5cm \times 30cm$（长×宽×高），其中涉及的具体冷表面因所处位置不同，决定了计算总的热通量时是否考虑辐射传热，如冷表面 $c_1 \sim c_4$、$d_1$、$d_2$ 的对面为有机玻璃壁面，冷表面与对面壁面（$2℃$）之间存在温差，因此需考虑辐射传热；而冷表面 $e_1$ 与 $e_2$ 为垂直裂隙的两侧壁面，互相之间无温差存在，不需考虑辐射传热；$f_1$ 与 $f_2$ 虽为冷表面，但不在所模拟的裂隙系统内，水蒸气难以到达，试验结束后也未观察到结霜现象，因此不考虑 $f_1$ 与 $f_2$ 面。除此之外，为了保证整个系统处于相对封闭的状态，试样顶部与周围有机玻璃筒之间用胶带进行黏结，胶带面也形成了水平冷表面，试验结束后观察到了霜层的出现。具体初始冷表面的面积大小及结霜类型如表 6.1 所示。

表 6.1　　　　　　　　　　初始冷表面的面积大小及结霜类型

| 对应冷表面编号 | 面积/cm² | 冷表面结霜类型 |
| --- | --- | --- |
| $c_1 \sim c_4$ | $5 \times 10$ | 垂直冷表面；有辐射传热 |
| $d_1$、$d_2$ | $10 \times 12$ | 垂直冷表面；有辐射传热 |

| 对应冷表面编号 | 面积/cm² | 冷表面结霜类型 |
|---|---|---|
| $e_1$、$e_2$ | 10×12 | 垂直冷表面；无辐射传热 |
| 胶带面 | 15×15−10×12＝105 | 水平冷表面；有辐射传热 |

#### 6.2.1.2 试验中新增冷表面

如第 4 章中所述，在试验进行中由于原位冻胀作用，在试样的负温区内出现了 4 条裂隙，分别为试块 A 上的水平、垂直贯通裂隙 A-1、裂隙 A-2，试块 B 上的两条水平贯通裂隙 B-1、裂隙 B-2。在负温区每产生一条裂隙，相当于增加了 2 个冷表面。具体位置如图 6.4 所示。

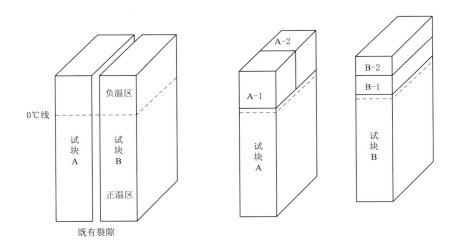

图 6.4　试样中新增冷表面示意图

其中新增水平裂隙 A-1、B-1、B-2 的两侧冷表面由于非常接近，表面温度可视为一致，因此无辐射传热；新增垂直裂隙 A-2 两侧的冷表面温度一致，同样无辐射传热。具体新增冷表面的面积及结霜类型如表 6.2 所示。

表 6.2　　　　　　　　　　新增冷表面的面积及结霜类型

| 新增裂隙 | 对应新增冷表面编号 | 面积/cm² | 结霜类型 |
|---|---|---|---|
| A-1 | A-1-1、A-1-2 | 5×12 | 水平冷表面；无辐射传热 |
| A-2 | A-2-1、A-2-2 | 5×10 | 垂直冷表面；无辐射传热 |
| B-1 | B-1-1、B-1-2 | 5×12 | 水平冷表面；无辐射传热 |
| B-2 | B-2-1、B-2-2 | 5×12 | 水平冷表面；无辐射传热 |

### 6.2.2　水蒸气密度及水蒸气在大气中的扩散系数计算

#### 6.2.2.1　空气中的水蒸气密度 $\rho_{v,a}$

试验中未测量冷表面周围空气的水蒸气密度，假设两种情况，当冷表面周围对流相对充分时，考虑空气中的相对湿度为 50%，此时空气中的水蒸气密度为 $\rho_{v,a}=2.773\times10^{-3}\,\mathrm{kg/m^3}$；当冷表面周围对流不充分时，考虑空气中的相对湿度为 30%，则此时空气中的水蒸气密度为 $\rho_{v,a}=1.664\times10^{-3}\,\mathrm{kg/m^3}$。

#### 6.2.2.2　霜层表面的水蒸气密度 $\rho_{v,f}$

将霜层表面的空气视作为饱和，则在 1atm 下，不同温度时对应的饱和蒸气压 $P_{sat,f}$ 可由 Tetens（1930）提出的经验关系式计算：

$$P_{sat,f}=0.611\exp\left(17.27\,\frac{T_f-273.2}{T_f-36}\right) \tag{6.18}$$

然后利用理想气体定律计算霜层表面的水蒸气密度 $\rho_{v,f}$：

$$\rho_{v,f}=\frac{18P_{sat,f}\times10^{-3}}{8.314T_f} \tag{6.19}$$

#### 6.2.2.3　水蒸气在空气中的扩散系数 $D_v$

$D_v$ 为物性参数，表征了物质扩散能力的大小，其取值取决于混合物的性质、压力与温度，主要依靠试验确定。对于气相物质，当已知温度 $T_0$，压力 $P_0$ 下的扩散系数 $D_0$ 时，温度 $T$、压力 $P$ 下的扩散系数可按下式求得：

$$D=D_0\left(\frac{T}{T_0}\right)^{1.5}\frac{P_0}{P} \tag{6.20}$$

查文献 [105] 可得 1atm 下，25℃时，水蒸气在空气中的扩散系数 $D_0$ 为 $0.256\times10^{-4}\,\mathrm{m^2/s}$，则 1atm 下，2℃时，$D_v$ 为

$$D_v=0.256\times10^{-4}\times\left(\frac{275.15}{298.15}\right)^{1.5}=0.227\times10^{-4}\,(\mathrm{m^2/s})$$

### 6.2.3　试样中不同类型冷表面结霜计算结果

#### 6.2.3.1　垂直冷表面，有辐射传热（Ⅰ类）

（1）已知参数。

对于冷表面 $c_1\sim c_4$、$d_1$ 和 $d_2$ 而言，冷表面温度并非恒定，顶部为 −5℃，底部为 0℃。为简化计算，将冷表面的温度取为 −2.5℃，即 $T_w=-2.5℃=270.65\mathrm{K}$；这些冷表面对面均为有机玻璃壁面，由于底部控温板和试样周围的环境温度设置为 2℃，因此取有机玻璃板壁面温度 $T_p=2℃=275.15\mathrm{K}$，周边空气温度 $T_a=2℃=275.15\mathrm{K}$。

（2）判断是否适用于结霜模型及对流传热系数 $h$ 的计算。

冷表面 $c_1 \sim c_4$、$d_1$ 和 $d_2$ 所在空腔如图 6.5 所示，上、下面之间、左、右面之间均存在温差，并非纯粹的水平空腔或竖直空腔，因此分别按照竖直空腔和水平空腔计算对流传热系数，然后取较大值作为此种条件下的 $h$ 值。

当视作水平夹层（空腔）时，依据 6.1.2.2 节内容，此种情况下水平夹层中的 $t_c = -5℃ = 268.15\mathrm{K}$，$t_h = 2℃ = 275.15\mathrm{K}$；夹层厚度 $\delta = 30\mathrm{cm} = 0.3\mathrm{m}$；$t_m = (t_c + t_h)/2 = 271.65\mathrm{K}$，此时对应的空气运动黏度 $\nu = 1.338 \times 10^{-5}\,\mathrm{m^2/s}$，导热系数 $k = 2.406 \times 10^{-2}\,\mathrm{W/(m \cdot K)}$，$Pr = 0.718$，$\alpha_V = 1/t_m$，则 $Gr$ 为

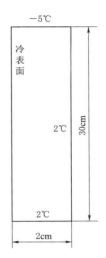

图 6.5　冷表面 $c_1 \sim c_4$、$d_1$ 和 $d_2$ 所在空腔示意图

$$Gr = \frac{g\alpha_V(t_h - t_c)\delta^3}{\nu^2} = \frac{9.8 \times (275.15 - 268.15) \times 0.3^3}{271.65 \times (1.338 \times 10^{-5})^2} = 3.81 \times 10^7 > 2430$$

当视作竖直夹层（空腔）时，依据 6.1.2.2 节内容，此种情况下竖直夹层中的 $t_c = (-5℃ + 2℃)/2 = -1.5℃ = 271.65\mathrm{K}$，$t_h = 2℃ = 275.15\mathrm{K}$；夹层厚度 $\delta = 2\mathrm{cm} = 0.02\mathrm{m}$。$t_m = (t_c + t_h)/2 = 273.4\mathrm{K}$，此时对应的空气运动黏度 $\nu = 1.354 \times 10^{-5}\,\mathrm{m^2/s}$，导热系数 $k = 2.42 \times 10^{-2}\,\mathrm{W/(m \cdot K)}$，$Pr = 0.718$，$\alpha_V = 1/t_m$，则 $Gr$ 为

$$Gr = \frac{g\alpha_V(t_h - t_c)\delta^3}{\nu^2} = \frac{9.8 \times (275.15 - 271.65) \times 0.02^3}{273.4 \times (1.354 \times 10^{-5})^2} = 5475 > 2860$$

可见此种情况下，无论视为水平夹层还是竖直夹层，均存在自然对流，当视为水平夹层时对流更为强烈，则以水平夹层计算 $h$ 值。

对于水平夹层，由于 $Gr > 4.6 \times 10^5$，则

$$Nu = 0.061(GrPr)^{1/3} = 0.061 \times (3.81 \times 10^7 \times 0.718)^{1/3} = 18.38$$

$$h = Nu\frac{k}{\delta} = 18.38 \times \frac{2.406 \times 10^{-2}}{0.3} = 1.47[\mathrm{W/(m^2 \cdot K)}]$$

（3）计算结果。

计算结果如图 6.6～图 6.8 所示，分别为霜层厚度、霜层密度及单位面积上霜层质量随时间 $t$ 的变化。可以看出，随着结霜时间的进行，霜层厚度不断增加，霜层厚度与时间呈线性关系，最终的厚度为 9.6mm，与试验结果非常接近；霜层密度初始当设 $T_f = T_w$ 时计算结果为 208.9kg/m³，在第 2 个时间步计算时即有一个大的突变，为 368.53kg/m³，之后随着结霜过程的进行，霜层密度小幅增加，第 260h 时霜层密度为 370.12kg/m³；由于在整个结霜过程中密度基本保持不变，而

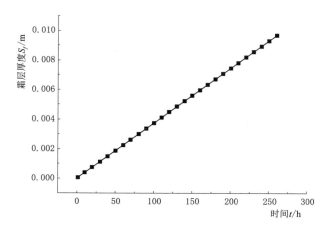

图 6.6　霜层厚度随时间的变化

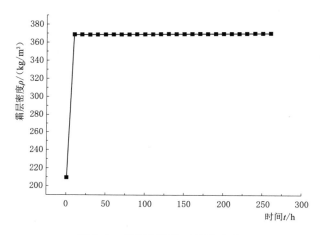

图 6.7　霜层密度随时间的变化

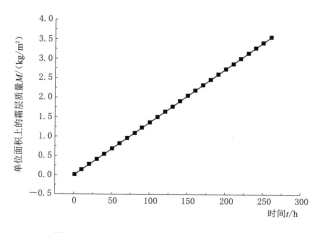

图 6.8　单位面积霜层质量随时间的变化

厚度线性增加，则最终单位面积上霜层的质量也呈线性增加，最终单位面积上的霜层质量为 $3.55\mathrm{kg/m^2}$。

### 6.2.3.2 垂直冷表面，无辐射传热（Ⅱ类）

（1）已知参数。

对于冷表面 $e_1$、$e_2$，A-2-1、A-2-2 而言，同样将冷表面温度取为顶部温度与底部温度的平均值，即 $T_w = -2.5℃ = 270.65\mathrm{K}$；周边空气温度 $T_a = 2℃ = 275.15\mathrm{K}$；$\rho_{v,a} = 2.773 \times 10^{-3}\mathrm{kg/m^3}$。

（2）判断是否适用于结霜模型及对流传热系数 $h$ 的计算。

对于 $e_1$、$e_2$ 构成的既有裂隙和试验中新增裂隙 A-2 而言，若视作竖直夹层，则 $t_c = t_h$，对应的 $Gr = 0$；因此仅视作水平夹层（空腔）来计算对流传热系数。

依据 6.2 节相关内容，此种情况下水平夹层中的 $t_c = -5℃ = 268.15\mathrm{K}$，$t_h = 0℃ = 273.15\mathrm{K}$；夹层厚度 $\delta = 10\mathrm{cm} = 0.1\mathrm{m}$。$t_m = (t_c + t_h)/2 = 270.65\mathrm{K}$，此时对应的空气运动黏度 $\nu = 1.329 \times 10^{-5}\mathrm{m^2/s}$，导热系数 $k = 2.4 \times 10^{-2}\mathrm{W/(m^2 \cdot K)}$，$Pr = 0.7184$；$\alpha_V = 1/t_m$，则 $Gr$ 为

$$Gr = \frac{g\alpha_V(t_h - t_c)\delta^3}{\nu^2} = \frac{9.8 \times (273.15 - 268.15) \times 0.1^3}{270.65 \times (1.329 \times 10^{-5})^2} = 1.03 \times 10^6 > 2430$$

说明当处于垂直一维温度场中时，即便在很窄的垂直裂隙中，仍然以对流传热为主，当湿度适宜时，冷板面会有霜层出现，即可利用结霜模型进行计算。

由于 $Gr = 1.03 \times 10^6 > 4.6 \times 10^5$，则 $Nu$ 为

$$Nu = 0.061(GrPr)^{1/3} = 0.061 \times (1.03 \times 10^6 \times 0.7184)^{1/3} = 5.517$$

则空气的对流传热系数 $h$ 为

$$h = Nu\frac{k}{\delta} = 5.517 \times \frac{0.024}{0.1} = 1.324[\mathrm{W/(m^2 \cdot K)}]$$

（3）计算结果。

计算结果如图 6.9～图 6.11 所示，分别为霜层厚度、霜层密度及单位面积上霜层质量随时间 $t$ 的变化。可以看出，随着结霜时间的进行，霜层厚度在不断增加，霜层厚度与时间呈线性关系，最终的厚度为 5.1mm，与试验结果非常接近；霜层密度初始当设 $T_f = T_w$ 时计算结果为 $208.9\mathrm{kg/m^3}$，在第 2 个时间步计算时即有一个大的突变，为 $368.68\mathrm{kg/m^3}$，之后随着结霜过程的进行，霜层密度逐渐增加，第 260 小时时霜层密度为 $382.38\mathrm{kg/m^3}$；单位面积上累积的霜层质量也呈线性增加趋势，最终单位面积质量为 $1.92\mathrm{kg/m^2}$。

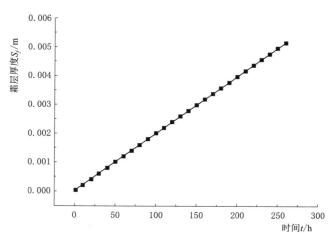

图 6.9　霜层厚度随时间的变化

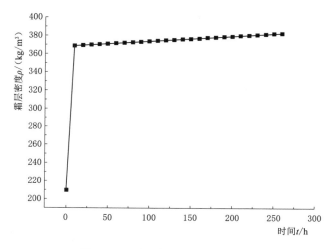

图 6.10　霜层密度随时间的变化

### 6.2.3.3　水平冷表面，有辐射传热（Ⅲ类）

（1）已知参数。

仅仅是胶带面属于此种类型，胶带面处于试样顶部，紧挨着顶部控温板，其温度为 $-5℃$，即 $T_w = -5℃ = 268.15K$；周边空气温度 $T_a = 2℃ = 275.15K$。

（2）判断是否适用于结霜模型及对流传热系数 $h$ 的计算。

此种情况下，胶带面所处夹层与 6.2.3.1 节的情况完全一致。因此，此种情况下，夹层中均以自然对流传热为主，可利用结霜模型进行计算。空气的对流传热系数 $h = 1.47 [W/(m^2 \cdot K)]$。

（3）计算结果。

计算结果如图 6.12～图 6.14 所示，分别为霜层厚度、霜层密度及单位面积上

霜层质量随时间 $t$ 的变化。可以看出，随着结霜时间的进行，霜层厚度在不断增加，霜层厚度与时间呈线性关系，最终的厚度为 17.9mm，大于试验结果；霜层密度初始当设 $T_f = T_w$ 时计算结果为 208.92kg/m³，与前两种工况不同的是，随着结霜过程的进行，霜层密度逐渐减小，第 260 小时时霜层密度为 186.06kg/m³，霜层密度与时间呈线性递减关系；单位面积上累积的霜层质量呈线性增加趋势，最终单位面积质量为 3.55kg/m²。

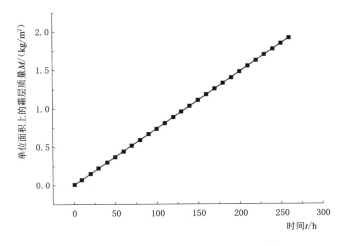

图 6.11 单位面积霜层质量随时间的变化

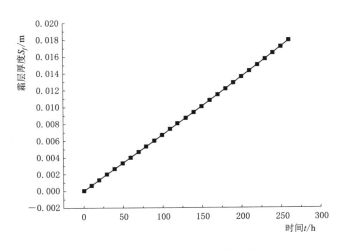

图 6.12 霜层厚度随时间的变化

### 6.2.3.4 水平冷表面，无辐射传热（Ⅳ类）

试验过程中新增冷表面 A-1-1、A-1-2、B-1-1、B-1-2、B-2-1、B-2-2 均属于此类，对于冷表面 A-1-1、A-1-2、B-1-1、B-1-2，均位于 0℃ 线附近，4 个冷表面的温度均取为 -1℃，即 $T_w = 272.15K$；对于冷表面 B-2-1、

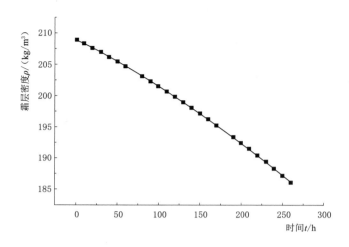

图 6.13　霜层密度随时间的变化

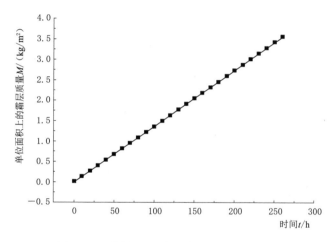

图 6.14　单位面积霜层质量随时间的变化

B-2-2 位于整个负温区的中部，则此处 2 个冷表面的温度取为 $-2.5℃$，即 $T_w=$ $-2.5℃=270.65K$。

以裂隙 A-1 为例，假设上、下表面空气温度差为 0.1K，裂隙宽假设为 1mm，即 $\delta=0.001m$，$T_m=-1℃=272.15K$ 时，对应空气的空气运动黏度 $\nu=1.343\times 10^{-5} m^2/s$，则此水平夹层中的 $Gr$ 为

$$Gr=\frac{g\alpha_V(t_h-t_c)\delta^3}{\nu^2}=\frac{9.8\times 0.1\times 0.001^3}{272.15\times(1.343\times 10^{-5})^2}=0.02$$

此时的 $Gr$ 远远小于 2430，说明在裂隙 A-1 中热传递以导热为主，其中基本不存在对流传热，冷板面上也就不可能发生结霜过程。裂隙 B-1、裂隙 B-2 与裂

隙 A-1 的情况类似, 由于 $\delta$ 非常小, 同时冷、热表面的温差也非常小, 计算出的 $Gr$ 也远远小于 2430。

因此, 此类水平裂隙中的冰层生长无法用结霜模型解释。将在第 7 章中对此类裂隙中的冰层生长过程进行详细分析。

### 6.2.4 计算结果与试验结果对比分析

#### 6.2.4.1 结霜厚度对比

由表 6.3 可以看出, 对于 Ⅰ 类冷板面, 模型计算结果与试验结果吻合良好; 对于 Ⅱ、Ⅲ 类冷板面, 霜层计算结果较试验结果偏大。Ⅱ 类表面是垂直裂隙的两侧壁面, 此类裂隙中冰层生长过程除了结霜作用外, 还可能存在复杂的霜冰转换过程: 由密度较低的霜层多孔介质向密实的冰层转变, 即进入了霜层生长的第三阶段—霜层充分发展阶段, 而目前所建的结霜模型中仅将霜层视为多孔介质; 对于 Ⅲ 类冷板面, 即胶带面而言, 受重力作用影响显著, 但结霜模型中尚未考虑重力效应。因此, Ⅱ、Ⅲ 类冷面板上计算出的霜层厚度与试验结果有较大差距。

表 6.3 冷表面上结霜计算厚度与试验厚度对比

| 冷板面类型 | 冷板面编号 | 试验结果/mm | 计算值/mm |
|---|---|---|---|
| Ⅰ | $c_1$、$c_2$、$c_3$、$c_4$; $d_1$、$d_2$ | 7～10 | 9.65 |
| Ⅱ | $e_1$、$e_2$; A-2-1、A-2-2 | 2～3 | 5 |
| Ⅲ | 胶带面 | 10 左右 | 17.9 |

#### 6.2.4.2 结霜质量与水分迁移质量对比

依据试验条件, 第 4 章试验中的试样周围环境接近密封, 试验过程中可以观察到绝大部分水分以蒸汽形式迁移至试样负温壁面凝华成霜, 依据质量守恒定律, 水分的迁移量应与结霜模型中计算的累积霜层质量 $M$ 一致。将试验中记录的水分变化量与结霜质量 $M$ 表示在图 6.15 中, 系列 1 表示结霜模型计算量 (将 Ⅰ、Ⅱ、Ⅲ 类的结霜量累加起来), 系列 2 表示试验中记录下来的水分变化量, 由于自第 50 小时至第 80 小时, 数据采集仪发生故障, 故此部分的水分迁移量缺失。

由图 6.15 可以看出结霜计算量与时间呈线性关系, 而实际记录的水分迁移量曲线则先增大, 后减缓增大趋势直至接近水平, 即水分迁移量不再变化。二者之间的趋势是一致的, 但存在一定的偏差, 可能的原因一是结霜模型本身的准确性, 二是水蒸气迁移还有别的通路, 如通过水膜补给冰层生长等。但大致可以根据结霜模型中的霜层累积质量估算气态迁移的水量。

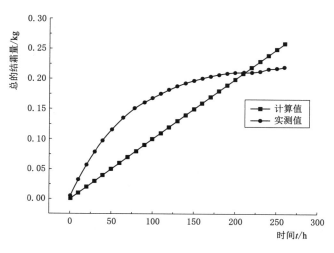

图 6.15　迁移水量随时间的变化

### 6.2.5　结霜模型自身的误差分析

冷板面上的结霜过程是非常复杂的，霜层的生长形态是不断变化的，为了简化建模过程，提出了 7 个假设前提，这些前提与真实情况之间的差异会带来计算值与实测值之间的差异；另外试验中试样是单向冻结状态，即整个试样存在一定的温度梯度，而在建模时将冷板面温度视为一致，取试样负温区的平均温度作为冷板面的壁面温度；最后，在利用结霜模型计算时，各类参数的取值也存在一定的误差，如对流换热系数的取值是基于有限空间自然对流传热的试验关联式进行相关计算，而实际试样的负温区所处的有限腔体的四个壁面均保持一定温度，其中的对流情况非常复杂，单纯以垂直夹层或水平夹层计算得出的努塞尔数均与实际存在差距。此外还有诸如辐射系数 $f_r$ 的取值等，其本身是与两侧壁面性质有关，随着一侧结霜的进行，$f_r$ 实际是一个变化的值，但在计算中被视为定值 0.8。在这些因素的综合作用下导致了误差的产生。

## 6.3　岩石裂隙壁面结霜影响因素分析

### 6.3.1　直接影响因素

以结霜模型的计算结果为依据，同时结合两篇综述性文献 [114 – 115] 中的相关总结，分析岩体裂隙负温区壁面结霜量及形态的直接影响因素。主要有以下几个方面：

（1）冷壁面温度：岩石裂隙壁面温度越低时，则霜层厚度越大，霜层密度越小，即冷壁表面形成霜层的速度快，但密度较低，霜层相对蓬松；壁面温度越高时，则霜层厚度较小、霜层密度较大，即形成的霜层较为密实。

（2）空气中的相对湿度：相对湿度越大，意味着空气中水蒸气含量越高，则霜层厚度越大，霜层密度越大，一定时间内单位面积内累积的霜层质量越多。

（3）对流传热系数：对流传热系数代表了岩石冷壁附近空间的对流状态，当对流越强烈时，则意味着传热传质过程越强烈，霜层厚度越大，霜层密度越大，水蒸气传递到霜层的质量通量也越大，则一定时间内单位面积内累积的霜层质量越多。

（4）冷壁面面积：即负温区的面积，裂隙中总的累积结霜质量与水蒸气传递到霜层的质量通量、时间及冷壁面面积相关，时间一定时，水蒸气的质量通量一定时，冷壁面积越大，则累积霜层质量越多。

因此，当岩体裂隙中对流传热较为强烈、裂隙中相对湿度较大且负温区壁面面积较大时，一定时间内裂隙冷壁面上的结霜量会比较多，伴随后期的霜冰转化过程，裂隙中的冰层生长会比较显著；裂隙冷壁面上温度（<0℃）的高低会直接影响霜层的形态，壁面温度较低时，霜层较为蓬松，壁面温度较高时，霜层较为密实。

### 6.3.2 温度梯度的影响

由结霜模型和第 6.3.1 节的分析可以看出，低温岩体中的温度梯度在结霜过程中无直接的影响。但实际上，温度梯度是整个结霜过程中的更为本质的因素，温度梯度通过影响第 6.3.1 节中的直接因素而影响整个结霜过程。

当地表温度越低时，裂隙沿程的温度梯度越大，此时一方面会影响裂隙中冷壁面附近的对流传热状况，温度梯度越大，则相同空间中的对流传热系数越大；另一方面，温度梯度越大也即意味着裂隙中负温壁面面积越大。所以，当温度梯度越大时，裂隙中冷壁面上的结霜量会越多，意味着加快了裂隙中的成冰过程。当温度梯度越小时，则裂隙中冷壁面上的结霜量会比较少，即裂隙中的成冰过程比较缓慢。

## 6.4 低温岩体裂隙中气态水迁移的影响因素

依据第 4 章的试验结果和第 5 章的分析，可以得出，在近似封闭的岩体裂隙中，底部有补水水位的情况下，裂隙中水分在常温下的蒸发量非常少，当地表降温，裂隙沿程出现温度梯度时，气态水的大量迁移是由于裂隙负温壁面的结霜作用导致的裂隙沿程的水蒸气浓度差引起的。

依据结霜模型，气态水迁移至裂隙负温壁面处凝华成霜，当裂隙空间近似封闭时，依据质量守恒定律，气态水的迁移量等于结霜量，因此影响结霜量的相关因素即为影响气态水迁移的相关因素。

当岩体裂隙中对流传热较为强烈，裂隙中相对湿度较大且负温区壁面面积较大时，裂隙中的气态水迁移作用会比较强烈，这 3 个因素为影响气态水迁移的直接因素。

裂隙沿程的温度梯度是更为本质的因素，当地表降温剧烈，裂隙沿程温度梯度较大时，岩体裂隙中的对流传热会更为强烈，负温区壁面面积越大，则气态水迁移作用会更明显。

# 6.5　本　章　小　结

基于第 4 章试验的结果及相关分析，提出了两种新的岩体裂隙中冰层生长的机理，分别为结霜机理（裂隙所处空间满足对流条件时）和水蒸气-预融水膜迁移机理。本章基于传热传质学基本原理，建立了描述第一种机理的结霜模型，并与第 4 章的试验结果进行验证。主要结论如下：

（1）当岩体裂隙负温区壁面所处空间中以对流传热为主时，壁面附近的水蒸气遇冷凝华成霜，经过复杂的霜冰转化，最终表现为裂隙中冰层的生长。

（2）基于热力学基本原理建立了岩石冷壁面的结霜模型，依据对流条件将岩体冷壁面分为四类，前三类满足结霜模型的相关条件，然后对这三类壁面进行了结霜计算。计算结果与试验结果吻合良好。

（3）基于结霜模型分析了影响结霜和水蒸气迁移的相关因素。对流传热条件，裂隙中的相对湿度及负温区壁面面积大小是 3 个直接因素，这 3 个因素取值越大时，则一定时间内结霜量越多，意味着水蒸气迁移量越大，裂隙中的成冰作用更为显著。裂隙沿程的温度梯度是更为本质的原因，温度梯度越大时，岩体裂隙中的对流传热作用会更为强烈，负温区壁面面积越大，则一定时间内结霜量越多，气态水迁移量越多。

# 第7章　水蒸气-预融水膜迁移机理研究

由第 6 章的分析可以得出，在第 4 章描述的水泥试块拼接试样的单向冻结试验中，试块 A 中出现了水平夹冰裂隙 A－1，试块 B 出现了水平夹冰裂隙 B－1 和 B－2，这三条裂隙中的格拉晓夫数 $Gr$ 均远远小于 2430，说明这些裂隙中的热量传递以导热为主，即这些裂隙中的冰层形成不是空气对流引起的霜层生长；此外，整个试验的过程仅有 260h，而岩石中分凝冰的形成是一个漫长的过程[28-30]，因此也难以用岩石中的分凝冰机理进行解释。本章针对此种类型的裂隙的成因进行分析，提出一种新的裂隙中的成冰机理：水蒸气-预融水膜迁移机理，并依据热力学及物理、化学的相关理论对此机理进行分析。

## 7.1　水平裂隙中冰层成因分析

在第 4 章试验条件下或在类似的自然条件中，地表降温时岩体负温区的水平夹冰裂隙的形成可能经历了以下三个阶段：

（1）裂缝的出现：原位冻胀。

两块拼接试样初始是饱和的，当试样的顶部开始降温后一段时间，试样自顶部起向下约 10cm 范围内为负温区，水泥试块由于本身结构比较致密，自顶部向下的降温冻结过程中很难迅速将试块中的水分排出，由此导致试块顶部负温区内、薄弱截面处（如预埋测温元件的位置、孔隙较发育处等）裂缝的出现。

（2）裂缝中冰层的生长：预融水膜的迁移补给。

原位冻胀导致的裂缝形成时，裂缝中有一层薄冰层，冰层表面存在着一层未冻水膜，在温度梯度的作用下，这些水膜将水分源源不断由裂缝周边向裂缝中部低温处输送，使得裂缝中部区域冰层不断生长，如图 7.1 所示。

（3）水蒸气对预融水膜的补给。

冰层表面预融水膜的迁移使得裂缝周边冰层上的预融水膜不断变薄，于是在此处冰层分子范德华力的作用下，周围空气中的水蒸气分子被吸附，或凝华成霜或成为水膜的一部分，相当于补给了水膜。

在前两个阶段的不断作用下，裂隙中的冰层不断生长，并最终表现为夹冰裂隙

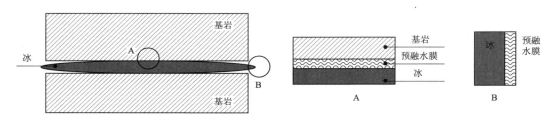

图 7.1　裂隙中冰层生长示意图

的出现。我们将此种裂隙中冰层的形成机理命名为水蒸气-预融水膜机理。

# 7.2　水蒸气-预融水膜迁移机理

当大多数固体的自由表面由低向高接近它们的融点时，材料的分子结构会逐渐给无序的兼具液、固性质的结构让位。当温度足够接近融点时，表面融化并且如黏性流体一般流动。这个现象被称为界面预融[116]。冰表面上的预融液膜是一层独特的水膜，冰即是其承载也是其来源。从冰川深处到平流层的冰云，这些液膜广泛存在于自然中。对温度、污染物和结晶无序的敏感性使它们成为外部条件的积极参与者；它们既影响环境又对环境变化做出反应。它们控制着雪花生长的速度和形状，以及雪场的板结，它们沿晶界定向输送杂质，成为冰原、冰川及冰盖动力学的主要参与者。在雷暴中冰粒和冰雹的碰撞过程中，液膜传输电荷，为闪电提供动力。预融液膜存在于所有类别的固体中，它们有助于晶体从蒸汽中生长和多晶体的粗化。它们是结晶的催化剂，同时通过消除熔化的成核障碍，推动从固体到液体的转变。本节主要以 Dash[76] 的综述为主，以此展开论述。

## 7.2.1　早期认知及调查

对冰表面预融现象的间接认知来源于两个方面：一方面是长久以来人们关于雪花晶体生长的推测；另一方面是关于冰雪湿滑特性的认识，以下分别进行总结。

### 7.2.1.1　关于雪花晶体的生长

我们在地球表面和大气中观察到的绝大多数晶体生长现象与冰有关。大多数观察到的模式源于自然环境对生长形式的不可控影响[117-118]。对雪花图案形成机制的现代研究可以追溯到 Nakaya[119] 的试验，这是第一个将生长条件与晶体形状联系起来的系统性的实验研究。正如我们所看到的，许多在其他材料中发生的表面特异性结构相变也发生在冰上，这些相变会影响平衡和生长形式。然而，与许多工程材料不同的是：冰存在于陆地环境中，环境温度相对接近其融点。此外，通过对界面结构的影响，这些表面相变可以控制冰的吸附势、生长形状和表面输运特性。由于表面相变发生在大多数材料中，我们在冰中所学到的知识与凝聚态物理学有着广泛的相关性。

1635 年冬天，笛卡尔对冰雪的详细观察，突出了冰表面在生长、融化和黏合行为中的作用。其中一些观察描述如下：

"但最让我惊讶的是，在昨晚掉落的谷粒中，我注意到一些谷粒周围有六个雪花小牙齿，就像钟表制造商的轮子……但是这些小牙齿却是如此完美地形成了六边形，每条边都平直等长，每个角度都准确无误乃至于人力无法企及"。

"我经常看到大小不等的两颗雪花融合在一起，对此，我并不感到惊讶……其中的原因可能是：热量在小雪花周围比其他地方更高，使得小雪花的尖端部分更容易被融化和磨平"。

### 7.2.1.2　关于冰雪的湿滑特性

自史前时代以来，冰雪使人们能够比较轻松地进行长距离旅行，以方便定居点之间的狩猎、迁移和商业活动。相比夏季降雨之后小径和道路的泥泞不堪，地面冻结和降雪更易于活动。当代的我们十分享受冬季运动中的冰雪项目，但对于公路旅行来说，冰雪使得行车难度大大增加，冰雪的湿滑特性一方面带来乐趣，另一方面又为现代长途旅行埋下隐患。

冰雪的湿滑特性是它们最突出和最为人熟知的特征之一，但当温度非常低时，此特征则会消失。例如以下是两个来自极地旅行的观察实证：

第一个是 Fridtjof Nansen 穿越格陵兰岛："我们所经历的异常严寒使得情况十分糟糕，雪，正如我们平时喜欢说的一样，跟砂子一样重，需要拖拽。"

第二个，与阿拉斯加的爱斯基摩人生活在一起的 Donald MacMillan："在零下 36℃时，带有钢制滑道的雪橇在覆盖有一英寸颗粒雪的新冰上艰难地拖拽，即使是砂子地层也不会比这个更糟糕了。"

温度仅仅是重要变量之一，另一个变量是压力。19 世纪，James Thomson[120] 注意到冰的密度小于水，由此预测冰可能在压力作用下融化。他的兄弟 William Thomson[121] 应用压力融化机理解释了 Faraday 对于复冰现象的观察[122] ——两块冰在有接触压力时又重新连接成一块。几年之后，Joly[123] 提出压力融化可能也是对于为什么冰表面会湿滑的一个简单解释：溜冰鞋施加的压力融化了它下面的冰，水膜起到润滑剂的作用。然而，Joly 也警示这个机理是有限制的；如果冰的温度低于零下几摄氏度，即使使用凹槽刃片切割，这个机理也是无效的。自那时起，压力融化成为教科书中的经典解释，在历届学生中传播，但这个解释中未包括 Joly 的警告。确实，由于冰-水相界面的斜率超过 130bars/K，如果温度低于 0℃ 几个 mK 时，则无法解释行走在冰上的常见风险。但事实是：即使在远低于冰点的温度下，冰表面也是滑的，所以除了压力融化之外，还存在其他解释。另外两种机制则是表面预融和摩擦融化。

表面和界面的预融作用可以在低至零下几十度的温度下产生类似液态的薄层，尤其是存在明显表面杂质的情况下。然而，由预融产生的液膜太薄，无法解释某些情况下非常小的摩擦系数：例如在速度滑冰中，已经测量到在 $-17℃$ 下低至 $0.005$[124]。在速度滑冰和许多更常见的情况下，主要润滑是由摩擦产生的融水带来的。这一过程最初由 Bowden 和 Hughes[125] 在实验室研究中提出并得以验证。许多后续研究已经确认这是在广泛的温度范围、滑动速度和材料下控制冰摩擦的机制[126-135]。Samuel Colbeck[130-132] 的研究表明雪的摩擦更加复杂，因为它还涉及压缩和犁地的作用。Colbeck[136] 收集了许多相关的参考文献，并编制了一份详尽的文章目录，涵盖了 1993 年之前发表的文章。自那时起，Liang et al.[134-135] 的试验研究及由 Dash[137] 进行的分析表明，只要摩擦能量足以使局部温度接近于材料的融点，融水润滑就可以持续到非常低的环境温度下。

熔融液体的润滑可能发生在许多其他材料中。例如，最近的试验证据表明，在高滑动速度下，矿物系统的摩擦阻力显著降低，这归因于高应力凸起接触点处局部的"瞬间削弱"，即使平均表面温度仍然低得多，这些点瞬间接近熔化转变温度[138]。

Jellinek[127] 的一项研究是最早评估未冻结水层的黏度的研究之一，他通过对抛光石英和钢表面上移动的冰的测量得出这一结果。在 $-4.5℃$ 时，他得到了非常高的黏度值：冰-石英为 $15\sim150P$，冰-钢为 $70\sim700P$。相比之下，$0℃$ 时水的黏度约为 $0.01P$。Barer et al.[129] 开发了一种不同的方法，即通过压差驱动平滑毛细管中冰塞的运动来测量冰的阻抗，将阻抗建模为厚度为 $h$ 和均匀黏度为 $\eta$ 的环形液膜组成的参数 $h/\eta$。通过假设 Fletcher[139-140] 预测的理论 $h$ 值来计算 $\eta$，从比值中计算 $\eta/\eta_w$ 的值，其中 $\eta_w$ 是同一温度下过冷水的黏度，这些值相对于温度差 $\Delta T = T - T_m$ 呈线性增加，当温度差达到 $-2℃$ 时，$\eta/\eta_w$ 达到 20。Fletcher 对于厚度 $d$ 的近似公式表示为 $d = C - 25\lg\Delta T$，其中常数 $C$ 在 $20\sim50$ Å 之间变化。然而，由于表面预融引起的液态层厚度的变化是幂律而不是对数，加上 $C$ 的范围非常广，使得计算得出的 $\eta/\eta_w$ 值存在问题。直接测量的 $h/\eta$ 更加可靠。

Bluhm et al.[133] 采用原子力显微镜（AFM）研究了冰的摩擦。冰是从纯净水蒸气中沉积在原位新鲜剖开的云母表面上形成薄膜的。温度范围为 $-24\sim-40℃$，并在平衡蒸汽压下进行测量。冰的侧向拖曳力大于裸露的云母表面；整个温度区间的摩擦系数为 0.6，表明没有润滑水层。进一步的测试和计算表明，在试验条件下，没有来自压力融化、表面预融或摩擦加热的影响。因此，最终结论是测量到的拖曳力反映了冰的"干摩擦"。

### 7.2.1.3　关于表面预融的调查

1842 年 9 月 8 日，Faraday[141] 记录了他对雪和冰的想法，然后开始了为期 20 年的一系列研究。他的日记记录了我们现在所了解的表面预融的第一次科学调查的开始："当湿雪被挤压在一起时，它会冻成一个团块（其中含有水），而不像湿沙或其他物质那样分散开来。""在一个温暖的日子里，如果把两块冰放在一起，然后用法兰绒包裹起来，它们会冻结成一块冰。"所有这些似乎表明，如果水处于两个相互接触或非常接近的冰表面之间，它将不会继续保持为水的状态，即使温度为 32℃，冰可能作为一种凝结核，但是似乎单个冰表面对水的影响并不等同于两个冰表面的共同影响。

尽管 Faraday 和 Tyndall[142] 的试验证明了平衡时存在液膜，但仍有争议。James Thomson 认为，冰的再结晶是由于接触点处暂时增加的压力降低了融化温度，当压力减轻时重新冷冻。

在另一个完全独立的研究领域中，Tammann[143] 和 Stranski[144] 提出了一种推测：即所有固体都可能在表面开始熔化，即使在平衡条件下也是如此。这是基于表面能的定性论证提出的。这个想法在多年后得到了发展，并成为现代理论的基础。除了理论以外，Frenkel[145] 认为这种现象肯定存在。他写到："众所周知，在一般情况下，晶体的过热，类似于液体的过热，是不可能发生的。这个特性与一个事实有关，即保持均匀温度的晶体的熔化总是从其自由表面开始。后者的作用必然是将形成液态相，即一个薄液体层所需的激活能降至零。"

Frenkel 的观点貌似是合理的，但直到技术足够成熟，能够准备有序的晶体表面并能检测出极薄的液态层，才得以被验证。我们将在以下内容中描述这些研究的主要特点，更详细的描述在几篇综述[146-151] 中给出。

Frenken 和 Van der Veen[152] 对 Pb 单晶的一系列试验给出了其表面熔融深度及其温度范围的测量结果。这些研究使用了质子背散射技术。在完好晶体中，由于有序原子行的阻挡，某些角度的背散射强度极低，因此背散射强度主要与表面结构无序性相关，例如熔化层。试验清楚地证明了 (110) 面上的表面失调，从 500K 开始为一两层原子，此时低于材料熔点 $T_m$ 约 100K，随着温度逐渐增加并在 $T_m$ 处发散。温度依赖性的函数形式为对数形式，如 $\ln(T-T_m)$，理论表明这是由于短程相互作用引起的。类似的研究也在 Al 和其他晶体上进行过，结果类似。Zhu 和 Dash[153] 在 Ar 和 Ne 厚膜的表面熔化研究中使用了热量计技术。膜被吸附在剥离石墨上，由于剥离石墨提供了高度有序的基面，因此被广泛应用于吸附膜研究中。较大的表面积使得检测到由于吸附膜熔化而产生的热信号成为可能，甚至可以检测到最上层发生转变时的情况。热信号表明，Ar 和 Ne 的熔化点开始于 $0.8T_m$。分析表明，熔化层的厚度随温度的幂律变化，如 $(T-T_m)^a$；指数 $a$ 约等于 1/3，表明非延迟分散力驱动熔化。

首批明确表明表面熔化的试验之一也显示了晶体取向上的明显变化。Stock[154] 观察了加热球形铜晶体的热辐射。由于金属的光学常数在熔点处发生不连续，因此通过光辐射的变化可以看出表面熔化的情况。这些变化不是均匀发生在整个表面上的：（100）和（111）极点周围的区域在整个晶体熔点之前仍然保持未熔化状态。该方法非常敏感，据估计，熔化的表面层在熔点以下 $1\sim2$℃处，熔化的面积约为 2 至 7 个原子层厚度。Pluis et al.[155] 后来进行了更详细的取向依赖性研究，使用质子反弹技术。这些研究显示，熔化的情况与晶体取向强烈相关，并且与 Stock 的发现一致，即（111）面即使在接近 $T_m$ 的温度下也没有表面熔化的迹象。Heyraud 和 Métois[156] 生动地展示了（111）面的稳定性。他们制备了完全由（111）面界定的微观 Pb 晶体，并表明这些晶体可以在高于 $T_m$ 几摄氏度的温度下存在。Maruyama[157] 还研究了接近熔点时受表面熔化影响的 Kr 和 Xe 晶体形状的取向变化。他的研究结果表明，所有表面都熔化了，与金属表面的各向异性表面熔化形成对比。研究表明，已经在许多类型的材料上进行了表面熔化研究，包括分子固体、半导体和有机晶体，几乎所有已经开发用于材料研究的技术都适用于表面熔化研究。现在已知，表面熔化是几乎所有固体熔化的方式。当表面预熔发生在固体基质的界面上，称为界面熔化，当表面预熔发生在多晶材料的晶体界面上时，称为晶界熔化。

表面熔化的物理机制可以在多个层次进行解释。从微观上来看，这是由于自由表面附近的原子结合更弱，因此更容易受到热扰动的影响。随着温度的升高，晶体结构开始在表面层中破坏，缺陷数量增加，原子更容易扩散。随着温度的继续升高，无序性和流动性增加并向内传播。当接近熔点时，熔化层变厚。在接近固体界面的几个分子距离内，熔化层保留了一些晶体有序性，但在其上层与液相不可区分。在过渡区域，液态无序性和流动性会随着距离固体界面的增加而发展，一些详细的研究可以看到变化逐层进行。最初，表面熔化膜是一种准液态状态，介于固体和真正的液体之间的中间状态。随着温度接近熔点，厚度迅速增加，并最终在熔点处发散。从宏观上看，表面熔化是一种润湿现象，即固体表面被其熔化液所润湿。表面熔化的理论在第 7.2.3 节中给出具体描述。

## 7.2.2 与预融相关的现象及背景

### 7.2.2.1 吸收和湿润

吸附和润湿与预融密切相关。它们有相对独立的科学历史，可以追溯到 19 世纪，发展至今都有了长足的进展，其最近的发展重点来自于吸附膜的研究。其中一个主要动机来源于对低维物质的极大兴趣，因为在某些情况下，单层膜显示了二维相和相变所预期的特性。多层膜本质上更为复杂，Pandit et al.[158] 描述了吸引性基底上的多层膜的复杂特性。Michael Schick 对其中的各阶段进行了形象的描述："设想一个容器，其中一个壁是活塞，使得容器内的压力可以发生变化。在温度 $T$ 下引入已知量的气体，产生压力 $P$ 或等效地产生化学势。原子之间的引力相互作用将导致壁面上出现一层固体或液体的密集相的薄膜。具体而言，让温度适当以形成一层液体薄膜。让系统内的压力或化学势增加，使得气体和液体发生共存，此时薄膜可能变厚，也可能不变，若是前者的情况则称壁面被液体润湿⋯⋯这是通过液体薄膜在接近共存点时逐渐变厚而发生的。"

如果在共存点时壁不被液体润湿，那么系统就是不完全润湿的；薄膜只会在达到体积共存点之前增长到有限厚度，此时在有限厚度薄膜上方会出现液滴或晶体。两种情况之间的转变发生在润湿温度处。我们看到润湿的这两类现象与冰在某些情况下所表现的完全和不完全预融之间有很强的对应关系（参见第 7.2.3 节）。

#### 7.2.2.2　孔隙介质

Thomson[159]（1871）解释说，由于表面曲率和表面能量的结合作用，材料的小样本熔点比整块材料的熔点要低。这种偏移现在则被称为 Gibbs - Thomson 效应，已经被用来研究过很多种分散在惰性基质或被限制在多孔介质中的物质。相关研究主要分为 4 类：弱相互作用的分子物种如多孔介质中的稀有气体原子、多孔介质中的冰[160-164]、分散的金属颗粒，以及土壤中的冰[165-167]。

第一组物质的典型行为是，当孔隙被填充时，熔化开始于显著低于体相转变温度。虽然由于基质吸力比物质内部相互作用更强，前一到两层吸附层会先冻结。吸附层之所以无序，是由于基质吸力的梯度和孔隙的曲率。与基质距离适中的地方，基质吸力的降低允许固体采用其正常有序的晶体结构。冰的行为有所不同，因为它的内聚力很强，因此吸附相对较弱。第一层可能有化学键合，但之后便没有强烈的吸附力。除了吸附层，冰和其他物质的行为类似。

填充和冷冻后，固体可能在初始阶段是细微的多晶体，但逐渐发展成一个或几个明显的晶体，这是因为受到减少晶界能的趋势驱动。在极限情况下，每个孔都会填充一个或几个晶体，晶体表面上都有一层同样物质产生的致密薄膜，作为热力学上不同的惰性壁。而自由体积固体的平衡形状（例如与大量液态相接触的固体）是通过最小化表面自由能 $\gamma_{sl}(\phi)$ 实现的，该自由能依赖于表面方向 $\phi$ 相对于基底晶格的取向来确定的，被限制在一个孔内的固体形状是由孔几何形状来决定的。固体的平衡取向使界面能最小化，该能量是由固体-壁界面 $\gamma_{sw}(\phi)$ 的极角依赖和孔隙几何形状卷积而来的。大极角 $\gamma_{sw}$ 区域有强烈的负润湿系数 $\Delta\gamma$，在这些区域晶体升温时开始预熔。当内部核心由多个晶体组成，并且位于相邻孔之间的交界处，预熔也可能发生在晶界和壁界面。随着温度升高，熔化会向其他方向扩展，剩余的固体会趋向于自由生长形状，在其熔化液中浮动，呈凸形。在这种极限情况下，固体在低于块体相变温度 $T_m$ 的温度 $T$ 下会突然熔化。对于具有界面曲率 $K$ 的"各向同性"固体，熔点温度的变化由以下方程给出：

$$T_m - T = \frac{\kappa_v \gamma_{sl} T_m}{\rho_s q_m} K \qquad (7.1)$$

上述公式中，$\gamma_{sl}$ 为液体和固体之间的界面自由能；$\kappa_v$ 项来自于 $T_m$ 的压力依赖性；如果系统与蒸汽处于平衡状态，则：

$$\kappa_v = 1 - \frac{(dP/dT)_{sv}}{(dP/dT)_{sl}} \qquad (7.2)$$

式中的压强斜率是固体-气相界面和固体-液相界面上的值。这个比值通常非常小；例如在水中，$\kappa_v$ 与 1 的差别大约为 3ppm。因此，从式（7.2）可以看出，对于凸面的固-液界面（$\kappa > 0$），冰点会降低，而对于凹面界面则会升高。半径为 $r$ 的球体是最常见的情况，即 Gibbs – Thomson 方程[159]：

$$T_m - T = \frac{\gamma_{sl} T_m}{\rho_s q_m} \frac{2}{r} \qquad (7.3)$$

许多试验证明，由于 Gibbs – Thomson 效应，材料的熔点温度在多孔介质中会降低。这些试验与测量到的液体分数在数值上非常接近。寒温带地区的霜冻现象对工程结构造成了严重危害，由此催生了大量关于冻土结冰现象的研究，具体内容请参见第 7.2.3 节。

### 7.2.2.3　预融和相变

重要的是要区分预融，包括表面融化、界面融化和晶界融化等不同类型与其他类型的先兆融化（液膜出现在错误的一侧）。杂质、位错、多晶性和其他形式的无序性会使块状熔化转变的尖锐度变宽和偏移。相比之下，预融是一个有序晶体表面的平衡现象；事实上，只有当足够纯净和完美的表面可用时，该效应才能被明确地独立观察到。

表面熔化并不是一种独特的相变，而是相变的表面特征，是一种"表面相变"。因此，虽然熔化是一级相变，但是它是通过表面失序和流动性的逐渐发展来引发的。随着温度升高，接近整体相变温度 $T_m$，失序和流动性增加并深入固体内部。无序区域是一个准液体状态：当其非常薄时，它保留着底层固体的结构，但当其增厚时，外层变得与整体液体相同。在中间区域，液态的失序和流动性会随着与表面距离的增加而变化；在某些情况下，变化是分层递进的[168-169]。甚至可以看到，这种转变是在每个层内进行的一种二维熔化。即使在这个过程中，每层都会经历一种更低维度的预熔化——边缘熔化[170]。当温度达到 $T_m$ 时，转变区向内迁移，留下了整体液体。因此，完全发展的准液体的宽度或扩散程度大于固液界面的宽度[171-173]。分子动力学研究了晶体液体界面[169,174] 和多种理论技术[174-177]。Karim 和 Haymet[176] 对一个 Lennard - Jones fcc 晶体的分子动力学模拟发现，晶体有序性在大约四层原子中降至 $1/e$，Zhu 和 Dash[178] 对 Ar 和 Ne 薄膜的潜热实验测量发现熵变具有五个原子层的衰减长度。Maruyama 等[179] 年对冰生长的测量表明，水冰界面的厚度是各向异性的；沿着 $c$ 轴方向，是界面在分子层面上尖锐的，而在 $c$ 轴垂直方向上更快的生长使表面界面更粗糙且更厚[180]。

固-液界面的扩散限制了表面熔化的平均场理论范围，该理论将表面熔体近似为一个厚度较大的块体薄片（详见第 7.2.3 节）。虽然该近似仅对熔体层厚度大于界面宽度的情况严格有效，但该理论在某些情况下可以对厚度为 1~2 层的准晶体液膜层提供相对准确的描述[152-153]。

Dash[181] 讨论了表面熔化和体相转变之间的进一步联系，与之密切相关的表面粗糙化问题则在本节中讨论。

### 7.2.2.4　晶体形状和粗糙化

我们对冰晶平衡形态的理解基础来自于预测它们生长形状的尝试[182]。正如在第 7.2.2 节中提到的，能够在固定体积下使总界面自由能最小的形状即为平衡晶体形状。一个完美的无位错晶体在绝对零度下完全呈现出面体结构，随着温度的升高，其形状会变得更加圆润或局部粗糙。使用试验和微观模型的精确解可以从取向相关的键能中构建出晶体表面的自由能。因此，无论晶体与气态相还是液态相接触，界面自由能 $\gamma(\phi)$ 都被认为是在创造一个相对于底层晶格的取向 $\phi$ 的表面时，每单位面积断开的所有键的能量之和。如果我们已知晶体的表面自由能作为所有存在取向的函数，那么 Wulff 构造法就可以提供平衡晶体的形状[182-183]。如果我们测量一个处于平衡状态的晶体的形状，Wulff 构造法则可以产生该形状上所有存在取向的表面自由能[184]。接触熔融相的冰和负晶体冰非常好地展现了这些特点[185-186]。

随着温度升高，平衡晶体形状如何从完全呈面体结构转变为圆润和粗糙呢？晶体表面的描述是由各种构型，如面、梯级、角、棱和点缺陷（如吸附分子和空位）的自由能分布所决定的。表面的某种状态权衡了位点的形成焓的成本与通过增加表面构型熵而导致总自由能减少的权益：这是热力学粗化转变的驱动力。表面位点的创建是一个激活过程，相干长度 $\xi(T)$ 是相对于表面平均取向的距离度量，用于刻画两个点的涨落相关性[187]。随着温度 $T$ 的升高，步长自由能 $\sigma_s(T)$ 降低。对于无限二维表面，当 $\sigma_s(T)$ 在粗化温度 $T_r$ 时趋于 0，因此相干长度 $\xi(T) = \gamma(\phi)/$

$\sigma_s(T)$ 发散；热涨落使表面从底层晶格的有序影响中解放出来，在所有长度尺度上都具有相关性，因此表面粗糙。这个过程受晶体的有限尺寸控制；随着温度升高，相干长度 $\xi(T)$ 接近面的大小，给定的面在 $T=T_f<T_r$ 时会变得粗糙，因此如果 $T>T_f$ 对于所有存在的面，平衡形状将变得完全粗糙和圆润。

在冰与水和蒸气的相互作用时，观察到了表面粗化转变现象。Elbaum[188] 在水汽条件下发现了冰 $I_h$ 的棱柱面的粗化转变，而 Maruyama et al.[179] 对接触水的冰进行了一系列试验，覆盖了从近三相点到 200MPa 下的 $-21℃$ 的范围内的各种压力和温度。事实上，Maruyama et al.[179] 通过在固液共存线附近仔细控制，发现了棱柱面的 $T_f=-16℃$，以及平衡晶体形状的变化。由于他们的方法提供了非常接近平衡的生长驱动控制，因此它为测试理论预测在接近平衡状态下生长和熔化的晶体形状提供了可靠的测试。表面粗化涉及的一些相同想法也涉及表面熔化，我们将在下文中描述其热力学过程。

### 7.2.3　理论

#### 7.2.3.1　预融热力学

表面熔化的物理动机是降低界面能。早期基于定性论据提出了一般机理[143-145]，现代理论的原则则在多年后明确提出[190-195]。预融是一种通常发生在三种不同类别界面上的现象：固体与其蒸气或大气之间的表面熔化、与外来固体或液体接触的界面熔化以及相同材料的晶体之间的晶界熔化。

现在我们从润湿现象的热力学角度审视这个理论[196]。如果界面被液相润湿（意味着液相层介于固体和气体或外来基质之间），这意味着润湿边界的自由能低于没有液体的情况。因此，我们可以推断，在正常熔点以下的一定温度范围内，润湿层将持续存在。因为如果系统在略低于体相熔点的状态下是干燥的，系统可以通过将一层固体转化为液体来降低其自由能。这种转化的成本涉及熔化所引起的自由能变化，但是如果熔化层足够薄且温度足够接近体相熔点，则成本不会过高。表面和转化项之间的竞争确定了液膜的实际厚度；它是系统自由能达到全局最小值时的值。需要注意的是，在接下来的理论中，我们假设熔化层足够厚，其化学势近似于体相液体的化学势。如第 7.2.2 节所讨论的那样，当液相非常薄时，熔化层仍保留一定量的类固态有序性，并随着其厚度逐渐失去残留。这种变化通常延伸到几个层次；在 Ar 和 Ne 的情况下，它是指数级的，衰减长度为 5～6 个原子层。在冰中，变化更快：平行于 c 轴，它大约是三层，而在垂直方向上稍长[173,181,197-198]。在类液态失去类固态有序性之前，熔化体是一种准液态。在下面的处理中，忽略了准液态和真正液态之间的区别。但是，正如试验室研究中所述，这种近似在将理论推广到非常薄的熔化体时非常成功。

考虑一个固体在温度为 $T$，压力为 $P$ 的情况下与气相处于平衡。如果界面被一个宏观准液体层润湿，那么该层的自由能由体积项和表面项组成。单位面积的自由能可以写为

$$G_{qll}(T,P,d)=\left[\rho_l\mu_l(T,P)\right]d+F_{total}(d) \tag{7.4}$$

式中：$d$ 为液膜厚度；$\rho_l$、$\mu_l$ 分别为液体（$l$）的分子密度和化学势；$F_{total}(d)$ 为单位面积上的总的多余表面自由能，即平均场理论中的有效界面能量[196]。它的值从 $d=0$ 处的未润湿的固-气相界面系数 $\gamma_{sv}$ 变化到 $d=\infty$ 处的固体-液体和液体-气相系数 $\gamma_{sl}+\gamma_{lv}$ 的总和。它对 $d$ 的函数依赖性反映了材料中基本相互作用的类型。更清晰地呈现变化的现象学描述可以写成：

$$F_{total}(d)=\Delta\gamma f(d)+\gamma_{sv} \tag{7.5}$$

湿润参数 $\Delta\gamma$ 为干界面和湿界面系数之间的差：

$$\Delta\gamma\equiv\gamma_l v+\gamma_{sl}-\gamma_{sv} \tag{7.6}$$

预融需要 $\Delta\gamma<0$［参见 Wettlaufer 和 Worster[198]（1995）附录］。随着 $d$ 从 0 增加到 $\infty$，膜厚度相关的贡献 $f(d)$ 的范围则从 0 增加到 1。

在热力学平衡状态下，熔融层的化学势等于固体的化学势。将式（7.5）和式（7.6）代入式（7.4）并对 $d$ 求导，得：

$$\mu_{qll}=\mu_l(T,P)+\left(\frac{\Delta\gamma}{\rho_l}\right)\frac{\partial f}{\partial d}=\mu s(T,P) \tag{7.7}$$

式（7.7）中的界面项引入了固体和液体的化学势差异，从而使热力学坐标的位置偏离正常的相平衡边界。这种位移可以通过围绕熔点 $T_m$、$P_m$ 的正常平衡坐标对化学势进行温度和压力的泰勒级数展开来计算。在一阶近似下，有：

$$\Delta\mu(T,P)=\left[\frac{\partial\Delta\mu}{\partial T}\right]_{T_m}(T-T_m)+\left[\frac{\partial\Delta\mu}{\partial P}\right]_{P_m}(P-P_m) \tag{7.8}$$

$$\Delta\mu(T,P)=\frac{q_m}{T_m}(T-T_m)-\left(\frac{1}{\rho_l}-\frac{1}{\rho_s}\right)(P-P_m) \tag{7.9}$$

式中：$q_m$ 为单位分子熔化的潜热，$\Delta\mu(T,P)\equiv\mu_s(T,P)-\mu_l(T,P)$。通过 Clausius - Clapeyron 关系式，压力变化可以用升华线和熔化线的斜率和温度变化表示。然后可以将式（7.8）转化为

$$\Delta\mu=\kappa_v q_m(T-T_m)/T_m \tag{7.10}$$

这里的 $\kappa_v$ 与式（7.2）中的相同。对于冰而言，$\kappa_v$ 近似等于 1。

式（7.10）与 $f(d)$ 的具体表述一起，可以得到厚度的理论表达式。在具有非延迟色散或范德华力的典型分子物质中，长程相互作用势随距离的平方衰减，则

$$f(d)=1-\frac{\sigma^2}{d^2} \tag{7.11}$$

其中 $\sigma$ 是一个与分子直径同阶的常数。在这种情况下，当 $d \gg \sigma$ 时，厚度随温度的变化为

$$d=\left(-\frac{2\sigma^2\Delta\gamma}{\rho_l q_m}\right)^{1/3}t^{-1/3} \tag{7.12}$$

其中 $t=(T_m-T)/T_m$，为降低的温度。在短程力的情况下，$\partial f/\partial d \propto \exp(-cd)$，其中 $c$ 为常数。厚度与温度的变化呈对数关系，即 $d \propto |\ln(t)|$。其他相互作用，例如由离子引起的相互作用，可以产生其他类似的温度相关性。我们将在下一部分中更详细地讨论这些相互作用。

### 7.2.3.2　冰预融的 Lifshitz 理论

（1）蒸气表面的纯冰：不完全的表面预融。

本节我们将重点集中在一个关于预融理论的讨论，这个理论适用于分子间作用主要由分散力支配的系统。Lifshitz 理论[199] 在预测冰的表面融化特性方面取得了显著的成功，区分了完全表面融化和不完全表面融化。当某些固体表面的熔融层在体相转变处顺利分流时，熔化是完全的，但当阻滞电位效应介入并减弱分子间润湿力时，液膜的生长可能受阻，因此在体相转变处是有限的。后一种情况，即行为不连续的情况，被称为不完全熔化。

为了展示分散力-频率相关的范德华相互作用对冰表面的基本影响，有这样一个关键试验发现：冰不会在所有方向上完全表面熔化。在 Ketcham[200] 和 Knight[201] 的两个试验中，直接观察到了水滴的立柱形态，温度略低于三相点，具有小但有限的接触角。Elbaum et al.[202] 利用光学反射计和干涉显微镜检查了棱柱和基面的表面、纯水蒸气和空气中的表面。纯水蒸气中的基面显示表面融化始于或略低于 $-2^\circ C$，而在 $-2^\circ C$ 以上，厚度随 $T$ 增加，直到低于体相融化的几百分之几度时，表面突然出现了具有小接触角的水滴。这些水滴在温度循环中是稳定且可再现的。试验表明，体相液体未完全润湿准晶体液态膜。当将空气进入室内时，表面完全融化。我们将其作为背景，以解释频率相关的范德华相互作用下的润湿理论。

当基底物的极化率大于膜的极化率时，就会发生润湿。因此，一般来说，当分散力占主导地位时，在温度低于 $T_m$ 时，任何冰表面被水润湿的情况都会得到促进，只要水的极化率介于冰和其他物质之间，无论是气相、化学惰性固体还是冰。净润湿力依赖于构成分层系统极化性的整个频率范围。实际上，该系统的特别之处是：Elbaum 和 Schick[203] 在冰表面融化研究中首次指出，冰的变换极化率在超紫外线（约 $2 \times 10^{16}$ rad/s）以上的频率下大于水，而在较低频率下则较小。因此，只

要水的表面融化层很薄，所有频率上的极化率都会对润湿力做出贡献，而在增厚时，由于有限光速的阻尼，会减少高频贡献，并有利于水的极化率占优势。若内聚力，即水内部的自我吸力占据优势时，粘附到冰上的液膜则停止于某个极限厚度，润湿则是不完全的。因此，润湿力的频率依赖性解释了水滴在表面融化膜上共存的现象。许多固体具有导致完全界面预熔的介电性质，而冰的纯蒸汽相则没有这种性质。以下将详细阐述其中的理论基础。

如上所述，完全的界面熔化是由体相和自由表面能之间的竞争所决定的。它要求单位面积的总过量自由表面能 $F_{\text{total}}(d)$ 是随薄膜厚度单调递减的正函数，并在无限膜厚处具有全局最小值。一般来说，从概念上考虑，$F_{\text{total}}(d)$ 的厚度相关贡献是由短程和长程分子间相互作用所引起的：即 $F_{\text{total}}(d) = \gamma_{sl} + \gamma_{lv} + F_{\text{short}}(d) + F_{\text{long}}(d)$，其中界面系数隐含地表示了界面处的晶体取向。

因此，根据定义，在足够大的距离下，长程相互作用总是优于短程相互作用。如果 $F_{\text{long}}(d)$ 下的相互作用具有吸引力，并因此表示为 $d$ 的负单调递增函数，则 $F_{\text{total}}(d)$ 永远不可能在 $d = \infty$ 处具有全局最小值。然而，如果短程相互作用 $F_{\text{short}}(d)$ 有利于熔化，则有可能它可以在大的膜厚度范围内占优势，即 $|F_{\text{short}}(d')| \geqslant |F_{\text{long}}(d')|$，其中 $0 \leqslant d \leqslant d'$。因此，在 $F_{\text{total}}(d)$ 的全局最小值相当小的情况下，它仍然在一个大但有限的 $d$ 值处实现，即 $d \equiv d_{\text{min}}$。换句话说，$F_{\text{total}}(d_{\text{min}}) \equiv \min[F_{\text{total}}(d)] \equiv \Gamma$。如果是这种情况，系统的大多数物理观察结果可能是几乎无法区分的，具体取决于所使用的探针的性质，这与完全熔化的预期相似。

当只有非瞬时范德华力对单位面积的总过剩表面自由能做出贡献时，通常采取 $F_{\text{long}}(d) \equiv F_{vdW}^{NR}(d) = -A_H / 12\pi d^2$ 的形式，其中 $A_H$ 为 Hamaker 常数[204]。一般来说，对于不同的材料，范德华力贡献既可以是吸引力也可以是排斥力，人们可以观察到力与距离/膜厚曲线上的振荡，从而导致系统可能被困在局部最小值而不是全局最小值中[203,205-207]。这就是冰的表面和界面融化的情况[203,206]，需要对色散或范德华力进行更为完整的计算。

在一个由纯液态水层构成、厚度为 $d$、位于冰和蒸汽相之间的表面自由能中，频率相关的色散力贡献被处理在所谓的 Lifshitz 理论的背景下。这种方法是由 Dzyaloshinskii、Lifshitz 和 Pitaevskii[199] 提出的连续量子电动力学理论（DLP）。该理论的结果是 $F_{vdW}(d)$ 的一个积分表达式，其中包括了冰（$s$）和水（$l$）的频率相关的介电极化率。正如上面所描述的，如果仅考虑色散力下的表面融化，那么在这种情况下，$F_{\text{total}}(d) = \gamma_{sl} + \gamma_{lv} + F_{\text{long}}(d)$，其中这里的 $F_{\text{long}}(d) \equiv F_{vdW}(d)$。当 $F_{vdW}(d)$ 在 $d \to \infty$ 时具有全局最小值，这将表明完全的表面融化，因此 $F_{\text{total}}(d) = \gamma_{sl} + \gamma_{lv}$ 在体系存在体积共存时成立。色散力下的不完全融化在有限的 $d$ 处被表示为一个最小值，且 $F_{vdW}(d)$ 在该处为负数。

虽然在文献中以各种形式出现，但为了方便起见，我们简要介绍 $F_{vdW}(d)$ 的 DLP 表达式。分层系统的频率依赖介电响应由以下公式描述：

$$F_{vdW}(d) = \frac{kT}{8\pi d^2} \sum_{n=0}^{\infty}{}' \int_{r_n}^{\infty} dx\, x \left\{ \ln\left[ 1 - \left( \frac{x - x_s}{x + x_s} \right)^2 e^{-x} \right] \right\} + \ln\left[ 1 - \left( \frac{\varepsilon_s x - \varepsilon_l x_s}{\varepsilon_s x + \varepsilon_l x_s} \right)^2 e^{-x} \right]$$

(7.13)

$$x_s = \left[ x^2 - r_n^2 \left( 1 - \frac{\varepsilon_s}{\varepsilon_l} \right) \right]^{1/2}$$

(7.14)

式中：$i$ 为虚数单位；$k$ 为波数。在积分中所需的介电函数 $\varepsilon(i\xi)$ 是将材料介电函数 $\varepsilon(\omega)$ 解析延拓到虚频率的结果。由于缺乏冰和水的完整光谱，因此必须通过将材料的介电响应拟合成阻尼振荡器模型的形式来生成函数。其中，材料（$s$，$l$）的介电函数对应于冰（$\varepsilon_s$）和水（$\varepsilon_l$），在序列虚频率 $i\xi = i(2\pi kT/h)n$ 处进行评估。求和符号上方的撇号表示 $n=0$ 的项以 $1/2$ 的权重加权。积分的下限是 $r_n = 2d(\varepsilon_l)^{1/2}\xi_n/c$。

$$\varepsilon(\omega) = 1 + \sum_j \frac{f_j}{e_j^2 - ih\omega g_j - (h\omega)^2}$$

(7.15)

式中：$e_j$、$f_j$ 和 $g_j$ 为拟合参数[208]。求和中的每个项分别对应于频率、宽度和振子强度 $e_j$、$g_j$ 和 $f_j$ 的吸收带。将 $i\xi$ 代替 $\omega$ 给出了 $\varepsilon(i\xi)$，它是 $\xi$ 的单调递减的实函数。式（7.13）隐含地假设 $\varepsilon_s$ 是各向同性的。虽然晶体取向的影响已经在理论上研究过[209]，但在整个频率范围内相关的极化数据不可用。然而根据光学频率[210]的已知值，晶体取向的影响估计很小，因此通常将冰晶体视为连续介电体。

在这种情况下，可以通过考虑一个一般的冰/水/X 界面来清楚地描述阻滞效应，其中 X 表示"基底"，例如纯水蒸气[203,205-206,208,211]。当 $\varepsilon_l \approx \varepsilon_s \approx \varepsilon_X \approx 1$ 时，可以将式（7.13）近似为

$$F_{vdW}(d) \approx -\frac{kT}{8\pi d^2} \sum_{n=0}^{\infty}{}' \left( \frac{\varepsilon_s - \varepsilon_l}{\varepsilon_s + \varepsilon_l} \right) \left( \frac{\varepsilon_X - \varepsilon_l}{\varepsilon_X + \varepsilon_l} \right) (1 + r_n) e^{-r_n}$$

(7.16)

由于迟滞作用，$e^{-r_n}$ 项作为高频截止频率，反比于 $d$。

当基底是纯水蒸气时，$\varepsilon_X$ 可以取为 1。在这种情况下，如果在所有频率下 $\varepsilon_s - \varepsilon_l < 0$，$F_{vdW}(d)$ 将是单调递增的函数，而薄膜不会增长。相反，如果在所有频率下 $\varepsilon_s - \varepsilon_l > 0$，那么 $F_{vdW}(d)$ 将是单调递减的函数，而膜厚度将在接近融点时发散。由于 $\varepsilon_s - \varepsilon_l$ 在频率 $\xi_c$ 处变号，所以导致预融行为介于这两种情况之间。特别地，对于足够大的 $d$，其中总和由低频项主导，表面融化被抑制，如 Elbaum 和

Schick[203] (1991) 中的图 7.2 所示，其中 $T_t$ 表示三相点温度。虚线用于展示当延迟不重要时所预期的 $(T-T_t)^{-1/3}$ 次幂规律。

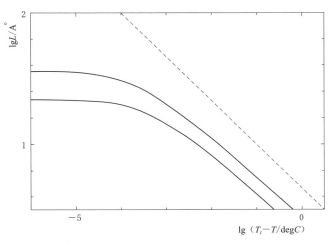

图 7.2　液膜厚度与 $(T-T_t)$ 的关系

（2）化学惰性壁上的纯冰：界面预融。

在环境和地球物理现象中广泛适用的情况是将蒸气相替换为底物。这是从异质成核到地面冻结等方面相关的物理基础，因此可以在底物异质性和杂质效应不存在时，分离出长程润湿力的作用。因此，式（7.13）和式（7.16）的描述是合适的。

对于具有任意介电性质的基底，由于函数 $\varepsilon_X$ 取决于频率 $\xi$，且 $\varepsilon_l(i\xi)-\varepsilon_X(i\xi)$ 可能会改变符号，因此结果可能会变得复杂。已经对与冰接触的材料进行了系统研究，包括导体（金、铜、银、钨、硅）、介电晶体（MgO、蓝宝石、熔融石英）和聚合物（聚氯乙烯、聚四氟乙烯、聚苯乙烯等）[206]。对于之前研究过的材料[206]，我们观察到在 $\xi<\xi_c$ 的频率范围内，$\varepsilon_X>\varepsilon_{s,l}$。因此，我们发现对于足够大的 $d$（$\approx$ 30Å），以便使滞后效应发挥作用，$F_{vdw}(d)$ 将是 $d$ 的正单调递减函数，意味着完全界面熔化的必要条件得到满足。对于给定基底和试验条件下是否发生完全熔化，将取决于短程相互作用 $F_{short}(d)$。当单独考虑范德华相互作用时，对于某些基底，预测出在有限 $d$ 处存在全局最小值，导致不完全熔化，而对于其他基底则是完全熔化。在指示完全熔化的情况下，发现在低于 $-0.1℃$ 的温度下，薄膜厚度很小。实际上，特定类型的电相互作用（例如使用泊松-泊兹曼理论模拟）可以显示出比范德华相互作用强得多。这些相互作用是为了解释晶界熔化而必需的。

（3）纯冰中的晶界预融。

晶界熔化在烧结、粗化、传输行为以及所有材料的许多其他体积特性中占据重要地位[212]。实际上，由于大多数材料存在于多晶状态，因此其影响是广泛的，从冰川的力学和热性质[214-216] 到高温超导体中临界电流密度的降低[217]。尽管认识到这一事实，但直接观察热力学平衡下的晶界的困难严重限制了试验测试。然而，冰的双折射现象使不同方向晶粒的区分成为可能，从而使用光学方法实现了晶界在热力学平衡下的观察[218]。如图 7.3 所示，其中的场景宽度为 3mm。

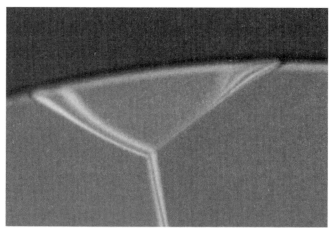

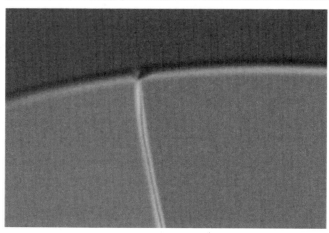

图 7.3 （上）三晶冰在 $T_m$ 处与液体（晶体上方
的深色带）接触带
（下）7h 后，双晶从三晶中晶粒长大而成[218]

在接近但低于融点的温度下，多晶物质被液态相穿过。这种液体仅存在于由于冰点降低的杂质和曲率引起的情况下，例如，Mader[215]、Nye[214] 中的冰，以及 Smith[212] 中的金属。三个晶粒相接触的 $10\sim100\mu m$ 的界面处和分离四个晶粒的节点处可以观察到未冻水。Nye 和 Frank[213] 预测了各向同性界面能的网络几何形状：与经典的 Young-Dupré 方程式完全类似，该方程式用于确定部分润湿流体在基底上的接触角或毛细管上升的液体弯月面的力平衡[195,218]，考虑了三个晶粒相遇的三相接触点处的力平衡。由此可得到计算水侵入的二面角 $2\theta_0$ 的公式，以简单的

晶界 $\gamma_{ss}$ 和固-液 $\gamma_{sl}$ 界面能的比率表示:

$$2\cos\theta_0 = \frac{\gamma_{ss}}{\gamma_{sl}} \qquad (7.17)$$

从而确定了界面脉络的形状和横截面。晶界熔化将界面预融的概念与界面节点网络联系起来,因为在完全的晶界熔化过程中,二面角消失,单个晶界被两个界面所取代,$\gamma_{ss} \rightarrow 2\gamma_{sl}$。这个过程等价于在晶界处生长液态薄膜。

晶界熔化的试验研究主要集中在二面角的测量上,主要是由于直接接触双晶的平衡界面的难度,这种接触往往会受到与设备相关的表面接近性的限制。尽管计算机模拟和理论支持晶界的无序性概念[220-223],但试验上往往是通过杂质刺激,然后在探测晶界之前对系统进行淬火来实现的[224-225]。使用电子显微镜在铝中进行的试验表明,当温度升高时,晶界结构保持外延,直到 $T = T_m$ 时,晶界具有体积液体的特征[226]。Glicksman 及其同事对与熔融物接触的铋双晶进行了二面角试验,对各种晶体学不匹配进行了研究(参见 Vold 和 Glicksman[227] 及其引用文献)。他们的解释及其数据表明,晶粒不匹配是晶界熔化转变的一个不连续点。晶界熔化在材料学中的双重重要性以及其在地球物理学上的重要性使这个问题吸引了大量学者的关注。

应用 DLP 方法,即 $F_{\mathrm{total}}(d) \equiv \gamma_{ss}(d) = 2\gamma_{sl} + F_{vdW}(d)$,可以估算出液膜厚度达到饱和时的二面角和温度。角度 $\theta_0$ 由 $\cos\theta_0 = 1 + \Gamma/2\gamma_{sl}$ 给出,因此在纯净情况下,我们估计膜厚度饱和时的温度由 $T - T_m \approx (T_m/\rho_s q_m)\Gamma/d_{\min}$ 给出,其中 $\rho_s$ 和 $q_m$ 为冰的密度和融化热。对于晶界和任何由距离 $d$ 分隔的相同基板系统(例如,A/B/A),哈马克常数是正的,产生吸引力,因此,由分散力引起的晶界熔化必须是不完全的[228]。Schick 和 Shih[221] 在扭曲错配晶界的 $Z(N)$ 模型计算中发现,在共存状态下,晶界可能被中间方向的固体而不是液体浸润,这意味着这种构型比被液体浸润要更经济。Schick 和 Shih[221] 指出,他们的结果与一些分子动力学模拟一致,并且对于范德瓦尔斯材料,使用分散力理论计算哈马克常数表明浸润是不完全的。重要的是,尽管给定的计算可能表明干燥的晶界应在共存状态下分解,但新构型是液体还是中间方向的固体可能取决于松弛的性质,因此也取决于模型的细节。

正如第 7.2.3 节中所述,当薄膜中含有电解质时,固体颗粒可能会被排斥性屏蔽库仑相互作用所限制,以抵消分散力的吸引作用。这个问题在很多其他系统中区别明显,一般情况下,由于起源于库仑相互作用的 $F_{\mathrm{short}}(d)$ 可能是相当长程的,从而可以与 $F_{vdW}(d)$ 竞争,使得 $\gamma_{ss}(d)$ 的厚度依赖性没有严格的分离。

#### 7.2.3.3　动态效应

（1）热力学压力。

与温度梯度相关的热分子压力梯度会在含有水分的多孔介质中产生"冻胀"现象，给许多寒区工程带来困扰，甚至导致灾难。但热分子压力是一种可以在任何材料中发生的普遍现象。基本要求是扰动区域处于固液相平衡状态。有几个理论讨论从完全不同的角度来看待热分子压力[60,229-232]。正如 Dash et al.[149] 和 Wettlaufer et al.[116] 在综述中的表述，这里我们同样遵循热力学和流体力学的基本原理进行讨论。

参考第 7.2.3 节中的讨论，我们注意到式（7.7）中的界面项，如第 7.2.3 节所述，这是由于外部条件的改变对系统的化学势产生热力学效应所致。相关的扰动使每个分子的能量发生 $\widetilde{\mu}$ 的变化，将液相平衡区域移动到相图的固体区域。因此，界面项引入了一个压力差：

$$\delta P = P_l - P_s = \rho_l \widetilde{\mu} = \Delta\gamma(\partial f/\partial d) = \Delta\mu(T,P) \tag{7.18}$$

在材料的转变温度 $T_m$ 处，$\Delta\mu(T,P)=0$，因此 $\delta P$ 消失。然而，化学势在 $T < T_m$ 处不同，正如式（7.8）所示，我们可以从中得到热分子压力差的一般热力学关系：

$$\delta P = -\rho_l q_m t - (1-\rho_l/\rho_s)(P_s - P_m) \tag{7.19}$$

因此，平行于表面熔化界面的温度梯度会引起一个压力梯度，这会促使液体层发生流动。

式（7.19）的两种极限情况非常值得考虑。当液体层处于均匀压力 $P_l = P_m$ 时，液体输运停止。然后解出固体中的压力，得：

$$P_s - P_m = \rho_s q_m t \tag{7.20}$$

因此，液体输运会在固体中引起压力积累，直到流动停止。对于水而言，最大的冻胀压力系数约为 $1.1 \times 10^5 \, Pa/K$。这是由于非冻结水流动到冰前所导致的最大压力。当冰中的压力达到这个值时，将被与壁面施加的相等压力所抵消，从而流动停止。壁面施加在冰上的压力称为过载压力，在土壤中是由冰层上覆土层的重量和土壤的内聚力共同作用所致。在没有来自壁面的过载压力的情况下，液体层中的非冻结水将流动到冰前。依据式（7.12），为了保持平衡膜厚度，水的冻结导致了壁面的变形——隆起。驱动液体层中的流动的压力可以通过设置 $P_s = P_m$ 来计算：

$$P_l - P_m = -\rho_l q_m t \tag{7.21}$$

随着温度的降低，压力会降低，导致水流向较冷的区域。负号反映了融化液体的边界表面之间相互作用等效于"分离压力"，这种压力趋向于增加液体层的厚度，但又受到固体转化为液体的自由能的抵制[116]。

当上覆地层的压力介于 $P_m$ 和最大冻胀压力之间时，最一般的情况就出现了；此时融化层的压力可以表示为

$$P_l - P_m = -\rho_l q_m t + \frac{\rho_l}{\rho_s}(P_s - P_m) \tag{7.22}$$

由于分子间相互作用的这种效应驱动的输运的实质表现为融化层中的热分子压力梯度：

$$\frac{\rho_s}{\rho_l}\nabla P_l = \rho_s \frac{q_m}{T_m}\nabla T + \nabla P_s \tag{7.23}$$

这种效应可以在任何引起预融的力的作用下发生；只要相平衡受到干扰，使得液体与固体在其相图的体相区域中共存，液体就可以存在于低于正常相边界的温度和压力下，这种情况可能出现的原因有：表面预融、毛细作用、表面失序、溶质和约束等。当这种情况发生时，无论物质的构成如何，温度梯度都会产生热分子压力梯度。

上述理论的普适性已通过试验研究进行了验证。多项冻结土壤和其他多孔介质的最大冻胀隆起压力的测量结果表明，该理论与试验结果十分接近[233-234]。在最不寻常的情况下，Hiroi et al.[234] 测量了几种孔径的多孔玻璃中 4He 固体的热分子压力。在这些研究中，热分子压力系数在 26~60 个大气压恒定压力范围内测量，并在 1.3K 以上的温度下进行测量。其他结果见表 7.1。

（2）热分子压力导致的流动。

当表面熔化的系统遭受平行于界面的温度梯度时，物质传输不仅发生在熔化层，还会发生在蒸汽层。随着物质被带到更冷的区域，表面轮廓会演变成非平面形状，并持续到表面或温度梯度条件建立动态平衡为止[232,236-237]。

表 7.1    各种物质的最大热分子压力系数 $dP_m/dT$

| 物质种类 | $T_0/K$ | $dP_m/dT$ $(10^4 Pa/K)$ | 物质种类 | $T_0/K$ | $dP_m/dT$ $(10^4 Pa/K)$ |
|---|---|---|---|---|---|
| 氩 | 83 | 5.7 | 汞 | 234 | 7.1 |
| 镓 | 292 | 2.6 | 水 | 273 | 11.2 |
| 氢 | 13.8 | 3.2 | 氖 | 4 | 2.4 |
| 铅 | 600 | 4.5 | | | |

流动的驱动力可以通过式（7.12）进行。我们将热分子压强定义为 $P_t \equiv \rho_l \tilde{\mu}$。当 $\Delta\gamma < 0$ 时，即两侧的介质之间存在排斥力。一般而言，我们考虑该膜在一侧被其固体相限制，而我们的热力学描述仅需要另一侧被可以表征相互作用的相限制。因

此，施加于第三相 $P_3$ 的外部压力等于施加于固体 $P_s$ 的压力，并且必须平衡热分子压力 $P_T$ 和流体动力学压力 $P_l$：

$$P_3 = P_s = P_T + P_l \tag{7.24}$$

随着温度升高，液膜变厚，因此热分子压力减小，力平衡要求流体动力学压力 $P_l$ 增加，从而驱动液体朝向较低温度的方向流动。

　　Wilen 和 Dash[235] 的试验研究提供了这种预融动力学的清晰说明，该试验研究与其他薄膜流动进行了比较和对比，并在 Wettlaufer 和 Worster[116] 的综述中进行了介绍。试验设置包括一个固体冰圆盘，坐落在一个坚硬的平板上，圆盘上方覆盖着一个柔性膜。使用冷指来冷却圆盘中心，同时将外缘加热至整体融化温度，以建立径向温度梯度 $\nabla T$，从而膜和冰之间的热分子压力向圆盘中心方向逐渐递增。由于膜处于张力下，它施加的压力 $P_s$ 与其表面的曲率成比例（由于薄膜厚度远小于曲率半径，所以膜施加的力被等同于 $P_s$）。最初，膜具有零曲率，因此固体压力的梯度消失，温度梯度产生了流体压力梯度，导致液体从圆盘边缘的储液池中流动，并通过预融膜流向低温区域。为了保持平衡膜厚度，沿着流动路径发生凝固，这导致膜表面畸变。通过比较膜高度的测量演变与完整理论处理的预测[238]，可以推断出在不改变由于限制效应所致的液体黏度的情况下，膜厚度如何随温度变化。

　　对于一个受轴向温度梯度影响的弹性毛细管管壁，类似的分析揭示了动态效应如何在有限的温度范围内局部化[239]。在略低于融点的温度下，体积流量梯度最大，因为薄膜迅速变薄，从而热分子压力驱动壁变形显著。在更冷的温度下，变形受到流体流动受限制和薄膜厚度减小的严重影响。温度场中的瞬态变化改变了这些区域之间的相互作用，在许多自然系统中这一点变得非常重要。

　　上述例子与其他润湿问题有很多相似之处，其中界面几何形状必须调整以满足局部力平衡所施加的约束条件。当界面预融出现在刚性基底上时，情况会有所改变。在这种情况下，由于冰和基底都可以支持差异应力，所以力不必在局部平衡，而必须满足全局力平衡约束。类似情况常常出现在其他润滑流中，特别是经典教科书计算挤压薄膜中流体所需力的情况[240]。从建模的角度来看，试图使用局部场方程来描述这种系统中的力的方法都意味着进一步的近似。

　　正如第 7.2.3 节中所讨论的那样，除了基底相互作用促进界面预融外，还有很多其他原因。当液体在体相图的固态区域内处于平衡状态时，目前还不清楚这些其他原因是否有助于产生流体流动和相关的动态效应。同时，许多冷冻系统中常见的扭曲界面几何形状使表面积分的处理非常困难。此外，只有引起界面预融的表面相互作用才会产生垂直于冰-液界面的单位面积力，因此当界面运动继续沿着同一方向进行时能够做功。相比之下，表面能的影响例如产生平行于固体冰表面的牵引力。这个观察特别有用，当考虑施加在封闭表面上的净力时。无论表面形状如何，曲率 $K$ 积分均为 0。因此，当由于底物相互作用和界面曲率的综合作用而存在预融液体时，我们可以计算净热分子力：

$$F_T P_T dA \approx \oint \left[ \frac{\rho_s q_m}{T_m}(T_m - T) - \gamma_{sl} K \right] dA = -\frac{\rho_s q_m}{T_m} \int \nabla T dV \qquad (7.25)$$

式（7.25）右侧为最终表达式，使用了散度定理[75]。例如，当温度梯度恒定时，基板表面的净热分子力就简单地与可以占据那个体积的冰的质量成比例。将表面相互作用的综合效应表示为等效的体积力，类比于阿基米德定律，其中净热分子力可以被视为一种"热力学浮力"[75]。

#### 7.2.3.4 水蒸气对预融水膜的补给

气态水在低温下（$T < T_m$）的补给冰或液膜的现象是大气科学中的研究热点之一，相关的研究[241-242] 表明，在光滑基质表面水蒸气的气相沉积的无定形水冰的密度大致为 $0.82 \pm 0.01 g/cm^3$，大致上与生长温度和生长速率无关。在原位冻胀形成的薄冰层周边，与水蒸气直接接触的冰表面在水蒸气的不断补给下，水冰混合物体不断生长。

# 7.3　本　章　小　结

当低温岩体裂隙中以导热为主时，其中的冰层生长可能是由水蒸气-预融水膜迁移机理引起：冰层与岩石基质之间的水膜在热分子力的作用下不断由周边（高温处）向内（低温处）迁移并凝结成冰。本章基于热力学及结晶物理学的基本原理，结合既有的研究成果，对此过程进行分析。主要结论如下：

（1）当冰自身的温度接近融化温度 $T_m$ 时，为了降低自身自由能，在冰表面或冰与基质之间会存在一层预融水膜。

（2）预融水膜会在热分子力作用下，由高温处向低温处迁移，并不断凝结成冰。

（3）水蒸气会在冰层表面不断沉积，形成水冰相混合物，由此来补给冰层表面迁移后变薄的预融水膜。

# 参 考 文 献

[ 1 ] Sass O. Spatial patterns of rockfall intensity in the northern Alps [J]. Zeitschrift für Geomorphologie (Suppl), 2005, 138: 51 - 65.

[ 2 ] Stoffel M, Lièvre I, Conus D, et al. 400 years of debris - flow activity and triggering weather conditions: Ritigraben, Valais, Switzerland [J]. Arctic, Antarctic, and Alpine Research, 2005, 37 (3): 387 - 395.

[ 3 ] Harris C, Arenson L U, Christiansen H H, et al. Permafrost and climate in Europe: monitoring and modelling thermal, geomorphological and geotechnical responses [J]. Earth Science Reviews, 2009, 92 (3): 117 - 171.

[ 4 ] Bottino G, Chiarle M, Andre' Joly, et al. Modelling rock avalanches and their relation to permafrost degradation in glacial environments [J]. Permafrost and Periglacial Processes, 2002, 13 (4): 283 - 288.

[ 5 ] Haeberli W, Huggel C, Kääb A, et al. The Kolka - Karmadon rock/ice slide of 20 September 2002: an extraordinary event of historical dimensions in North Ossetia, Russian Caucsus [J]. Journal of Glaciology, 2004, 50 (171): 533 - 546.

[ 6 ] Geertsema M, Clague J J, Schwab J W, et al. An overview of recent large catastrophic landslides in northern British Columbia, Canada [J]. Engineering Geology, 2006, 83 (1 - 3): 120 - 143.

[ 7 ] Huggel C, Caplan - Auerbach J, Gruber S, et al. The 2005 Mt. Steller, Alaska, rock - ice avalanche: A large slope failure in cold permafrost [C] //Proceedings of the Ninth International Conference on Permafrost, 2008, 29: 747 - 752.

[ 8 ] Lipovsky P S, Evans S G, Clague J J, et al. The July 2007 rock and ice avalanches at Mount Steele, St. Elias Mountains, Yukon, Canada [J]. Landslides, 2008, 5 (4): 445 - 455.

[ 9 ] Sosio R, Crosta G B, Hungr O. Complete dynamic modeling calibration for the Thurwieser rock avalanche (Italian Central Alps) [J]. Engineering Geology, 2008, 100 (1 - 2): 11 - 26.

[10] Sass O, Krautblatter M, Morche D. Rapid lake infill following major rockfall (bergsturz) events revealed by ground - penetrating radar (GPR) measurements, Reintal, German Alps [J]. The Holocene, 2007, 17 (7): 965 - 976.

[11] Rabatel A, Deline P, Jaillet S, et al. Rock falls in high - alpine rock walls quantified by terrestrial lidar measurements: A case study in the Mont Blanc area [J]. Geophysical Research Letters, 2008, 35 (10).

[12] Matsuoka N, Murton J. Frost weathering: recent advances and future directions [J]. Permafrost and Periglacial Processes, 2008, 19 (2): 195 - 210.

[13] 陈仁升，康尔泗，吴立宗，等. 中国寒区分布探讨 [J]. 冰川冻土，2005，27（4）：469－475.

[14] 陈卫忠，谭贤君，于洪丹，等. 低温及冻融环境下岩体热、水、力特性研究进展与思考 [J]. 岩石力学与工程学报，2011，30（7）：1318－1336.

[15] 黄勇. 高寒山区岩体冻融力学行为及崩塌机制研究——以天山公路边坡为例 [D]. 成都：成都理工大学，2012.

[16] 董广强. 锚筋固危崖 穿洞引水患——麦积山石窟维修加固与渗水治理工程 [J]. 中国文化遗产，2016，72（2）：72－76.

[17] 晏鄂川，方云. 云岗石窟立柱岩体安全性定量评价 [J]. 工程地质学报，2004（z1）：262－265.

[18] Gökçe M V，İnce İ，Fener M，et al. The effects of freeze － thaw（F－T）cycles on the Gödene travertine used in historical structures in Konya（Turkey）[J]. Cold Regions Science and Technology，2016，127：65－75.

[19] Dundas C M，Bramson A M，Ojha L，et al. Exposed subsurface ice sheets in the Martian mid － latitudes [J]. Science，2018，359（6372）：199－201.

[20] Taber S. The mechanics of frost heaving [J]. The Journal of Geology，1930，38（4）：303－317.

[21] Taber S. Frost heaving [J]. The Journal of Geology，1929，37（5）：428－461.

[22] Rempel A W，Wettlaufer J S，Worster M G. Premelting dynamics in a continuum model of frost heave [J]. Journal of Fluid Mechanics，2004，498：227－244.

[23] Rempel A W. Formation of ice lenses and frost heave [J]. Journal of Geophysical Research：Earth Surface，2007，112（F2）.

[24] Walder J S，Hallet B. A theoretical model of the fracture of rock during freezing [J]. Geological Society of America Bulletin，1985，96（3）：336－346.

[25] Walder J S，Hallet B. The physical basis of frost weathering：toward a more fundamental and u-nified perspective [J]. Arctic and Alpine Research，1986，18（1）：27－32.

[26] Hallet B，Walder J S，Stubbs C W. Weathering by segregation ice growth in microcracks at sus-tained subzero temperatures：Verification from an experimental study using acoustic emissions [J]. Permafrost and Periglacial Processes，1991，2（4）：283－300.

[27] Akagawa S，Fukuda M. Frost heave mechanism in welded tuff [J]. Permafrost and Periglacial Processes，1991，2（4）：301－309.

[28] Murton J B，Coutard J P，Lautridou J P，et al. Experimental design for a pilot study on bedrock weathering near the permafrost table [J]. Earth Surface Processes and Landforms，2000，25（12）：1281－1294.

[29] Murton J B，Coutard J P，Lautridou J P，et al. Physical modelling of bedrock brecciation by ice segre-gation in permafrost [J]. Permafrost and Periglacial Processes，2001，12（3）：255－266.

[30] Murton J B，Peterson R，Ozouf J C. Bedrock fracture by ice segregation in cold regions [J]. Science，2006，314（5802）：1127－1129.

[31] Hallet B. Why do freezing rocks break？[J]. Science，2006，314（5802）：1092－1093.

[32] Guodong C. The mechanism of repeated － segregation for the formation of thick layered ground ice

[J]. Cold Regions Science and Technology, 1983, 8 (1): 57 - 66.

[33] Shur Y, Hinkel K M, Nelson F E. The transient layer: implications for geocryology and climate - change science [J]. Permafrost and Periglacial Processes, 2005, 16 (1): 5 - 17.

[34] Büdel J, Fischer L, Busche D. Climatic geomorphology [M]. Princeton, NJ: Princeton University Press, 1982.

[35] French H M, Bennett L, Hayley D W. Ground ice conditions near Rea Point and on Sabine Peninsula, eastern Melville Island [J]. Canadian Journal of Earth Sciences, 1986, 23 (9): 1389 - 1400.

[36] Hodgson D A, St - Onge D A, Edlund S A. Surficial materials of Hot Weather Creek basin, Ellesmere Island, Northwest Territories [J]. Current Research, Part E, Geological Survey of Canada Paper, 1991, 91: 157 - 163.

[37] Mackay J R. Cold - climate shattering (1974—1993) of 200 glacial erratics on the exposed bottom of a recently drained arctic lake, Western Arctic coast, Canada [J]. Permafrost and Periglacial Processes, 1999, 10 (2): 125 - 136.

[38] Sass O. Rock moisture measurements: techniques, results, and implications for weathering [J]. Earth Surface Processes and Landforms, 2005, 30 (3): 359 - 374.

[39] Matsuoka N, Ikeda A, Hirakawa K, et al. Contemporary periglacial processes in the Swiss Alps: seasonal, inter - annual and long - term variations [C] //Proceedings of the Eighth International Conference on Permafrost. Balkema Lisse, 2003, 2: 735 - 740.

[40] Matsuoka N. Frost weathering and rockwall erosion in the southeastern Swiss Alps: Long - term (1994—2006) observations [J]. Geomorphology, 2008, 99 (1 - 4): 353 - 368.

[41] Matsuoka N. Diurnal freeze - thaw depth in rockwalls: Field measurements and theoretical considerations [J]. Earth Surface Processes and Landforms, 1994, 19 (5): 423 - 435.

[42] Wegmann M, Gudmundsson G H, Haeberli W. Permafrost changes in rock walls and the retreat of Alpine glaciers: a thermal modelling approach [J]. Permafrost and Periglacial Processes, 1998, 9 (1): 23 - 33.

[43] Gruber S, Hoelzle M, Haeberli W. Rock - wall temperatures in the Alps: modelling their topographic distribution and regional differences [J]. Permafrost and Periglacial Processes, 2004, 15 (3): 299 - 307.

[44] Tsytovich N A. Mechanics of frozen ground [M]. Scripta Book Co. , 1975.

[45] Sass O. Rock moisture fluctuations during freeze - thaw cycles: Preliminary results from electrical resistivity measurements [J]. Polar Geography, 2004, 28 (1): 13 - 31.

[46] Dyke L D. Frost heaving of bedrock in permafrost regions [J]. Bulletin of the Association of Engineering Geologists, 1984, 21 (4): 389 - 405.

[47] Davidson G P, Nye J F. A photoelastic study of ice pressure in rock cracks [J]. Cold Regions Science and Technology, 1985, 11 (2): 141 - 153.

[48] Matsuoka N. Microgelivation versus macrogelivation: towards bridging the gap between laboratory and

field frost weathering [J]. Permafrost and Periglacial Processes, 2001, 12 (3): 299 - 313.

[49] Matsuoka N. Mechanisms of rock breakdown by frost action: an experimental approach [J]. Cold Regions Science and Technology, 1990, 17 (3): 253 - 270.

[50] Litvan G G. Adsorption systems at temperatures below the freezing point of the adsorptive [J]. Advances in Colloid and Interface Science, 1978, 9 (4): 253 - 302.

[51] Anderson D M, Morgenstern N R. Physics, chemistry and mechanics of frozen ground: A review [C] //North American Contribution to the Proceedings of the Second International Conference on Permafrost, Yakutsk, USSR. 1973: 257 - 288.

[52] Mellor M. Phase composition of pore water in cold rocks [R]. Cold regions Research and Engineering Lab Hanover NH, 1970.

[53] Dunn J R, Hudec P P. Frost and sorption effects in argillaceous rocks [J]. Highway Research Record, 1972 (393).

[54] Fukuda M. The pore water pressure profile in porous rocks during freezing [C] //Proc. 4th Internat. Conf. on Permafrost, Fairbanks, Alaska. 1983: 322 - 327.

[55] Loch J P G, Kay B D. Water Redistribution in Partially Frozen, Saturated Silt Under Several Temperature Gradients and Overburden Loads 1 [J]. Soil Science Society of America Journal, 1978, 42 (3): 400 - 406.

[56] Fukuda M, Orhun A, Luthin J N. Experimental studies of coupled heat and moisture transfer in soils during freezing [J]. Cold Regions Science and Technology, 1980, 3 (2 - 3): 223 - 232.

[57] Konrad J M, Morgenstern N R. A mechanistic theory of ice lens formation in fine - grained soils [J]. Canadian Geotechnical Journal, 1980, 17 (4): 473 - 486.

[58] Konrad J M, Morgenstern N R. Effects of applied pressure on freezing soils [J]. Canadian Geotechnical Journal, 1982, 19 (4): 494 - 505.

[59] Radd F J, Oertle D H. Experimental pressure studies of frost heave mechanisms and the growth - fusion behavior of ice [C] //North Am. Contrib. Sect. Int. Permafrost Conf. Washington, DC. 1973: 377 - 383.

[60] Gilpin R R. A model for the prediction of ice lensing and frost heave in soils [J]. Water Resources Research, 1980, 16 (5): 918 - 930.

[61] Lawn B, Wilshaw T R. Fracture of brittle solids [M]. Cambridge University Press, 1993.

[62] Lowengrub M. Crack Problems in the Classical Theory of Elasticity [M]. John Wiley & Sons, 1969.

[63] Segall P. Rate - dependent extensional deformation resulting from crack growth in rock [J]. Journal of Geophysical Research: Solid Earth, 1984, 89 (B6): 4185 - 4195.

[64] Mellor M. Phase composition of pore water in cold rocks [R]. Cold Regions Research and Engineering Lab Hanover NH, 1970.

[65] 徐学祖, 王家澄, 张立新. 冻土物理学 [M]. 北京: 科学出版社, 2001.

[66] 陈飞熊. 饱和正冻土温度场、水分场和变形场三场耦合理论构架 [D]. 西安: 西安理工大

学，2001.

[67] 马巍，王大雁. 冻土力学 [M]. 北京：科学出版社，2014.

[68] Taber S. The growth of crystals under external pressure [J]. American Journal of Science, 1916, (246)：532 – 556.

[69] Beskow G. Soil freezing and frost heaving with special application to roads and railroads [M] // Yearbook of the Swedish Geo – logical Society：No. 375. Stockholm, Sweden：Swedish Geo – logical Society，1935：91 – 123.

[70] Everett D H. The thermodynamics of frost damage to porous solids [J]. Transactions of the Faraday Society, 1961, 57：1541 – 1551.

[71] Bouyoucos G J. Degree of temperature to which soils can be cooled without freezing [J]. Journal of Agricultural Research, 1920, 20 (4)：267 – 269.

[72] Hoekstra P. Moisture movement in soils under temperature gradients with the cold – side temperature below freezing [J]. Water Resources Research, 1966, 2 (2)：241 – 250.

[73] Miller R D. Freezing and heaving of saturated and unsaturated soils [C] // 51st Annual Meeting of the Highway Research Board：Issue 393. Washington, D. C.：Highway Research Board, 1972：1 – 11.

[74] Takashi T, Ohrai T, Yamamoto H, et al. Upper limit of heaving pressure derived by pore – water pressure measurements of partially frozen soil [M] // Developments in Geotechnical Engineering. Amsterdam, the Netherlands：Elsevier, 1982：245 – 257.

[75] Rempel A W, Wettlaufer J S, Worster M G. Interfacial premelting and the thermomolecular force：thermodynamic buoyancy [J]. Physical Review Letters, 2001, 87 (8)：088501.

[76] Dash J G, Rempel A W, Wettlaufer J S. The physics of premelted ice and its geophysical consequences [J]. Reviews of Modern Physics, 2006, 78 (3)：695 – 741.

[77] 周家作，韦昌富，李东庆，等. 正冻土水热迁移的移动泵模型 [J]. 冰川冻土，2016，38 (4)：1083 – 1089.

[78] O' Neill K, Miller R D. Exploration of a rigid ice model of frost heave [J]. Water Resources Research, 1985, 21 (3)：281 – 296.

[79] 苗天德，郭力，牛永红，等. 正冻土中水热迁移问题的混合物理论模型 [J]. 中国科学：D 辑 地球科学，1999，29 (增刊1)：8 – 14.

[80] 周扬，周国庆，王义江. 饱和土水热耦合分离冰冻胀模型研究 [J]. 岩土工程学报，2010，32 (11)：1746 – 1751.

[81] Rempel A W. Frost heave [J]. Journal of Glaciology, 2010, 56 (200)：1122 – 1128.

[82] Saruya T, Rempel A W, Kurita K. Hydrodynamic transitions with changing particle size that control ice lens growth [J]. The Journal of Physical Chemistry B, 2014, 118 (47)：13420 – 13426.

[83] 程桦，陈汉青，曹广勇，等. 冻土毛细-薄膜水分迁移机制及其试验验证 [J]. 岩土工程学报，2020，42 (10)：1790 – 1799.

[84] 韩大伟，杨成松，张莲海，等. 基于分层核磁测试新技术的未冻水变化规律研究：以砂土冻融 过程为例 [J]. 冰川冻土，2022，44 (2)：667 – 683.

[85] [美] Ning Lu, William J. Likos. 非饱和土力学 [M]. 韦昌富，侯龙，简文星，译. 北京：高等教育出版社，2012.

[86] 李强，姚仰平，韩黎明，等. 土体的"锅盖效应" [J]. 工业建筑，2014，44 (002)：69－71.

[87] 滕继东，贺佐跃，张升，等. 非饱和土水汽迁移与相变：两类"锅盖效应"的发生机理及数值再现 [J]. 岩土工程学报，2016，38 (10)：1813－1821.

[88] Nakano Y, Tice A, Oliphant J. Transport of water in frozen soil IV. Analysis of experimental results on the effects of ice content [J]. Advances in Water Resources，1984，7 (2)：58－66.

[89] Eigenbrod K D, Kennepohl G J A. Moisture accumulation and pore water pressures at base of pavements [J]. Transportation Research Record，1996，1546 (1)：151－161.

[90] Guthrie W S, Hermansson Å, Woffinden K H. Saturation of granular base material due to water vapor flow during freezing：laboratory experimentation and numerical modeling [M]. // Current Practices in Cold Regions Engineering. 2006：1－12.

[91] 王铁行，王娟娟，张龙党. 冻结作用下非饱和黄土水分迁移试验研究 [J]. 西安建筑科技大学学报（自然科学版），2012，44 (1)：7－13，71.

[92] 张升，贺佐跃，滕继东，等. 非饱和土水汽迁移与相变：两类"锅盖效应"的试验研究 [J]. 岩土工程学报，2017 (39)：961－968.

[93] 杨更社，周春华，田应国，等. 软岩材料冻融过程中的水热迁移实验研究 [J]. 煤炭学报，2006，31 (5)：566－570.

[94] 杨更社，周春华，田应国，等. 软岩类材料冻融过程水热迁移的实验研究初探 [J]. 岩石力学与工程学报，2006，25 (9)：1.

[95] 新建铁路成都至拉萨线—成都至林芝段主要技术标准专题研究. 成都：中铁二院工程集团有限责任公司，2014.

[96] 蔡美峰. 岩石力学与工程 [M]. 北京：科学出版社，2002.

[97] 高世桥，刘海鹏. 毛细力学 [M]. 北京：科学出版社，2010.

[98] 葛宋，陈民. 接触角与液固界面热阻关系的分子动力学模拟 [J]. 物理学报，2013，62 (11)：110204－110204.

[99] Karmouch R, Ross G G. Experimental study on the evolution of contact angles with temperature near the freezing point [J]. The Journal of Physical Chemistry C，2010，114 (9)：4063－4066.

[100] 邓亚骏，徐蕾，卢海龙，王昊，师永民. 油气储层长石矿物表面水滴接触角 [J]. 科学通报，2018，63 (30)：3137－3145.

[101] 杨春和，冒海军，王学潮，等. 板岩遇水软化的微观结构及力学特性研究 [J]. 岩土力学，2006，27 (12)：2090－2098.

[102] 刘向君，熊健，梁利喜，等. 川南地区龙马溪组页岩润湿性分析及影响讨论 [J]. 天然气地球科学，2014，25 (10)：1644－1652.

[103] Wenzel R N. Surface roughness and contact angle [J]. The Journal of Physical Chemistry，1949，53 (9)：1466－1467.

[104] 贺承祖，华明琪. 储层孔隙结构的分形几何描述 [J]. 石油与天然气地质，1998，19 (1)：15－23.

［105］　杨世铭，陶文铨. 传热学 ［M］. 北京：高等教育出版社，2006.

［106］　刘桂玉，刘志刚，阴建民，等. 工程热力学 ［M］. 北京：高等教育出版社，1998.

［107］　Kondepudi S N，O'Neal D L. Performance of finned – tube heat exchangers under frosting con-ditions：I. Simulation model ［J］. International Journal of Refrigeration，1993，16 （3）：175 – 180.

［108］　Lee Y B，Ro S T. Analysis of the frost growth on a flat plate by simple models of saturation and supersaturation ［J］. Experimental Thermal and Fluid Science，2005，29 （6）：685 – 696.

［109］　Hayashi Y，Aoki A，Adachi S，et al. Study of frost properties correlating with frost formation types ［J］. Journal of heat transfer，1977，99 （2）：239 – 245.

［110］　Tokura I，Saito H，Kishinami K. Study on properties and growth rate of frost layers on cold surfaces ［J］. Journal of heat transfer，1983，105 （4）：895 – 901.

［111］　Tao Y X，Besant R W，Rezkallah K S. A mathematical model for predicting the densification and growth of frost on a flat plate ［J］. International Journal of Heat and Mass Transfer，1993，36 （2）：353 – 363.

［112］　Sanders C T. The influence of frost formation and defrosting on the performance of air coolers ［D］. 1974.

［113］　Hayashi Y，Aoki K，Yuhara H. Study of frost formation based on a theoretical model of the frost layer ［J］. Heat Transfer – Japanese Research，1977，6 （3）：79 – 94.

［114］　Léoni A，Mondot M，Durier F，et al. State – of – the – art review of frost deposition on flat sur-faces ［J］. International Journal of Refrigeration，2016，68：198 – 217.

［115］　Breque F，Nemer M. Frosting modeling on a cold flat plate：Comparison of the different as-sumptions and impacts on frost growth predictions ［J］. International Journal of Refrigeration，2016，69：340 – 360.

［116］　Wettlaufer J S，Worster M G. Premelting dynamics ［J］. Annual Review of Fluid Mechnics，2006，38：427 – 452.

［117］　Wettlaufer J S. Dynamics of ice surfaces ［J］. Interface Science，2001，9：117 – 129.．

［118］　Adam J A. Flowers of Ice—Beauty，Symmetry，and Complexity：A Review of The Snowflake：Winter's Secret Beauty ［J］. Notices of the AMS，2005，52 （4）.

［119］　Nakaya U. Snow Crystals：Natural and Artificial ［M］. Springer Berlin Heidelberg，1954.

［120］　Thomson W. XXXVI. —An Account of Carnot's Theory of the Motive Power of Heat；＊ with Numerical Results deduced from Regnault's Experiments on Steam ［J］. Earth and Environ-mental Science Transactions of The Royal Society of Edinburgh，1849，16 （5）：541 – 574.

［121］　Thomson William. On the reduction of observations of underground temperature；with applica-tion to Professor Forbes' Edinburgh Observations and the Calton Hill Series ［J］. Transactions of the Royal Society of Edinburgh，1861，22 （2）：405 – 427.

［122］　Faraday，M. Experimental Researches in Electricity：Twenty – Ninth Series. ［J］. Proceedings of the Royal Society of London，1850.

［123］　Joly J. The phenomena of skating and Professor J. Tomson's thermodynamic relation. ［J］. Scientific Proceeding of the Royal Dublin Society, New Series, 1887, 5: 453 – 454.

[124] Koning J, Groot G D, Schenau G. A power equation for the sprint in speed skating [J]. Journal of Biomechanics, 1992, 25 (6): 573 – 580.

[125] Bowden F P, Hughes T P. The Friction of Clean Metals and the Influence of Adsorbed Gases. The Temperature Coefficient of Friction [J]. Proceedings of The Royal Society A, 1939, 172 (949): 263 – 279.

[126] Bowden F P, Young J E. Friction of Clean Metals and the Influence of Adsorbed Films [J]. Proceedings of the Royal Society A Mathematical Physical & Engineering Sciences, 1951, 208 (1094): 311 – 325.

[127] Jellinek H. Liquid – like (transition) layer on ice [J]. Journal of Colloid and Interface Science, 1967, 25 (2): 192 – 205.

[128] Evans D, Nye J F, Cheeseman K J. The Kinetic Friction of Ice [J]. Proceedings of the Royal Society A: Mathematical, Physical and Engineering Sciences, 1976.

[129] Barer S S, Churaev N V, Derjaguin B V, et al. Viscosity of nonfreezing thin interlayers between the surfaces of ice and quartz [J]. Journal of Colloid and Interface Science, 1980, 74 (1): 173 – 180.

[130] Colbeck S C. The kinetic friction of snow [J]. Journal of Glaciology, 1988, 34 (116): 78 – 86.

[131] Colbeck S C. A Review of the Processes that Control Snow Friction [J]. Crrel Monograph, 1992.

[132] Colbeck S C, Warren G C. The thermal response of downhill skis [J]. Journal of Glaciology, 1991, 37 (126): 228 – 235.

[133] Bluhm H, Inoue T, Salmeron M. Friction of ice measured using lateral force microscopy [J]. Physical Review B, 2000, 61 (11): 7760.

[134] Liang H, Martin J M, Mogne T L. Experimental investigation of friction on low – temperature ice [J]. Acta Materialia, 2003, 51 (9): 2639 – 2646.

[135] Liang H, Martin J M, Le Mogne T. Friction – induced nonequilibrium phase transformation of low – temperature ice [J]. Journal of Applied Physics, 2005, 97 (4): 043525.

[136] Colbeck S C. Bibliography on snow and ice friction [R]. Cold Regions Research and Engineering Lab Hanover NH, 1993.

[137] Dash J G. Theory of a tribometer experiment on ice friction [J]. Scripta Materialia, 2003, 49 (10): 1003 – 1006.

[138] Rice J R. Heating and weakening of faults during earthquake slip [J]. Journal of Geophysical Research: Solid Earth, 2006, 111 (B5).

[139] Fletcher N H. Surface structure of water and ice [J]. Philosophical Magazine, 1962, 7 (74): 255 – 269.

[140] Fletcher N H. Surface structure of water and ice [J]. Philosophical Magazine, 1962, 18 (156): 1287 – 1300.

[141] Martin T. Faraday's Diary [J]. Nature, 1930 (3186): 812 – 814.

[142] Tyndall. On some physical properties of ice [J]. Journal of the Franklin Institute, 1858.

参 考 文 献

[143] Tammann, G. Z. , Phys. Chem. , Stoechiom. Verwandtschaftsl. 1909, 68, 257.

[144] Stranski I N. Über den Schmelzvorgang bei nichtpolaren Kristallen [J]. Naturwissenschaften, 1942, 30 (28): 425 – 433.

[145] Frenkel J. Kinetic Theory of Liquids' Clarendon Press [J]. 1946.

[146] Dash J G. Solvay Conference on Surface Science [J]. 1988, 142 – 167.

[147] Dash J G. Surface melting [J]. Contemporary Physics, 1989, 30 (2): 89 – 100.

[148] Van Hove M A, Howe R F, Vanselow R. Chemistry and physics of Solid Surfaces VII [J]. 1988.

[149] Dash J G, Fu H, Wettlaufer J S. The premelting of ice and its environmental consequences [J]. Reports on Progress in Physics, 1995, 58 (1): 115.

[150] Suzanne J, Gay J M. Physical structure – hand – 356 book of surface science [J]. WN Unertl, Vol. 1 357 [J]. 1996.

[151] Tartaglino U, Zykova – Timan T, Ercolessi F, et al. Melting and nonmelting of solid surfaces and nanosystems [J]. Physics Reports, 2005, 411 (5): 291 – 321.

[152] Frenken J W M, Van der Veen J F. Observation of surface melting [J]. Physical Review Letters, 1985, 54 (2): 134.

[153] Zhu D M, Dash J G. Surface melting and roughening of adsorbed argon films [J]. Physical Review Letters, 1986, 57 (23): 2959.

[154] Stock K D. The thickness of molten surface layers on copper monocrystals [J]. Surface Science, 1980, 91 (2 – 3): 655 – 668.

[155] Pluis B, Van der Gon A W D, Frenken J W M, et al. Crystal – face dependence of surface melting [J]. Physical Review Letters, 1987, 59 (23): 2678.

[156] Heyraud J C, Métois J J. Growth shapes of metallic crystals and roughening transition [J]. Journal of Crystal Growth, 1987, 82 (3): 269 – 273.

[157] Maruyama M. Growth and roughening transition of rare gas crystals [J]. Journal of Crystal Growth, 1988, 89 (4): 415 – 422.

[158] Pandit R, Schick M, Wortis M. Systematics of multilayer adsorption phenomena on attractive substrates [J]. Physical Review B, 1982, 26 (9): 5112.

[159] Thomson W. et al. XLVI. Hydrokinetic solutions and observations [J]. The London, Edinburgh, and Dublin Philosophical Magazine and Journal of Science, 1871, 42 (281): 362 – 377.

[160] Blachere J R, Young J E. The freezing point of water in porous glass [J]. Journal of the American Ceramic Society, 1972, 55 (6): 306 – 308.

[161] Gay J M, Suzanne J, Dash J G, et al. Premelting of ice in exfoliated graphite: a neutron diffraction study [J]. Journal of Crystal Growth, 1992, 125 (1 – 2): 33 – 41.

[162] Cahn J W, Dash J G, Fu H. Theory of ice premelting in monosized powders [J]. Journal of Crystal Growth, 1992, 123 (1 – 2): 101 – 108.

[163] Ishizaki T, Maruyama M, Furukawa Y, et al. Premelting of ice in porous silica glass [J].

Journal of Crystal Growth, 1996, 163 (4): 455 - 460.

[164] Hoekstra P, Delaney A. Dielectric properties of soils at UHF and microwave frequencies [J]. Journal of Geophysical Research, 1974, 79 (11): 1699 - 1708.

[165] Konrad J M, Morgenstern N R. The segregation potential of a freezing soil [J]. Canadian Geotechnical Journal, 1981, 18 (4): 482 - 491.

[166] Smith M W, Tice A R. Measurement of the unfrozen water content of soils. Comparison of NMR (nuclear magnetic resonance) and TDR (time domain reflectometry) methods [R]. Cold Regions Research and Engineering Lab Hanover NH, 1988.

[167] Chernov A A, Mikheev L V. Wetting and surface melting: Capillary fluctuations vs. layerwise short - range order [J]. Physica A: Statistical Mechanics and its Applications, 1989, 157 (2): 1042 - 1058.

[168] Phillips J M. The structure near transitions in thin films [J]. Langmuir, 1989, 5 (3): 571 - 575.

[169] Pengra D B, Dash J G. Edge melting in low - coverage adsorbed films [J]. Journal of Physics: Condensed Matter, 1992, 4 (36): 7317.

[170] Burton W K, Cabrera N, Frank F C. The growth of crystals and the equilibrium structure of their surfaces [J]. Philosophical Transactions of the Royal Society of London. Series A, Mathematical and Physical Sciences, 1951, 243 (866): 299 - 358.

[171] Bacon R. Growth and perfection of crystals. John Wiley And Sons, Inc, 1958.

[172] Cahn J W. Theory of crystal growth and interface motion in crystalline materials [J]. Acta Metallurgica, 1960, 8 (8): 554 - 562.

[173] Broughton J Q, Bonissent A, Abraham F F. The fcc (111) and (100) crystal - melt interfaces: A comparison by molecular dynamics simulation [J]. The Journal of Chemical Physics, 1981, 74 (7): 4029 - 4039.

[174] Oxtoby D W, Haymet A D J. A molecular theory of the solid - liquid interface. II. Study of bcc crystal - melt interfaces [J]. The Journal of Chemical Physics, 1982, 76 (12): 6262 - 6272.

[175] Curtin W A, Ashcroft N W. Weighted - density - functional theory of inhomogeneous liquids and the freezing transition [J]. Physical Review A, 1985, 32 (5): 2909.

[176] Karim O A, Haymet A D J. The ice/water interface: A molecular dynamics simulation study [J]. The Journal of Chemical Physics, 1988, 89 (11): 6889 - 6896.

[177] Shih W H, Wang Z Q, Zeng X C, et al. Ginzburg - Landau theory for the solid - liquid interface of bcc elements [J]. Physical Review A, 1987, 35 (6): 2611.

[178] Zhu D M, Dash J G. Surface melting of neon and argon films: Profile of the crystal - melt interface [J]. Physical Review Letters, 1988, 60 (5): 432.

[179] Maruyama M, Kishimoto Y, Sawada T. Optical study of roughening transition on ice Ih (1010) planes under pressure [J]. Journal of Crystal Growth, 1997, 172 (3 - 4): 521 - 527.

[180] Cahn J W, Hillig W B, Sears G W. The molecular mechanism of solidification [J]. Acta Metallurgica, 1964, 12 (12): 1421 - 1439.

[181]  Dash J G. Melting from one to two to three dimensions [J]. Contemporary Physics, 2002, 43 (6): 427 – 436.

[182]  Wulff G. On the question of the rate of growth and dissolution of crystal surfaces. 1901.

[183]  Herring C. Some theorems on the free energies of crystal surfaces [J]. Physical Review, 1951, 82 (1): 87.

[184]  Heyraud J C, Métois J J. Surface free energy anisotropy measurement of indium [J]. Surface Science, 1986, 177 (1): 213 – 220.

[185]  Koo K K, Ananth R, Gill W N. Tip splitting in dendritic growth of ice crystals [J]. Physical Review A, 1991, 44 (6): 3782.

[186]  Furukawa Y, Ishikawa I. Direct evidence for melting transition at interface between ice crystal and glass substrate [J]. Journal of Crystal Growth, 1993, 128 (1 – 4): 1137 – 1142.

[187]  Lipson S G, Polturak E. The surface of helium crystals [J]. Progress in Low Temperature Physics, 1987, 11: 127 – 188.

[188]  Elbaum M. Roughening transition observed on the prism facet of ice [J]. Physical Review Letters, 1991, 67 (21): 2982.

[189]  Kristensen J K, Cotterill R M J. On the existence of pre – melting and after – melting effects A neutron scattering investigation [J]. Philosophical Magazine, 1977, 36 (2): 437 – 452.

[190]  Kuroda T, Lacmann R. Growth kinetics of ice from the vapour phase and its growth forms [J]. Journal of Crystal Growth, 1982, 56 (1): 189 – 205.

[191]   Broughton J Q, Gilmer G H. Molecular dynamics investigation of the crystal – fluid interface. I. Bulk properties [J]. The Journal of Chemical Physics, 1983, 79 (10): 5095 – 5104.

[192]  Lipowsky R, Speth W. Semi – infinite systems with first – order bulk transitions [J]. Physical Review B, 1983, 28 (7): 3983.

[193]  Furukawa Y, Yamamoto M, Kuroda T. Ellipsometric study of the transition layer on the surface of an ice crystal [J]. Journal of Crystal Growth, 1987, 82 (4): 665 – 677.

[194]  Nenow D, Trayanov A. Surface premelting phenomena [J]. Surface Science, 1989, 213 (2 – 3): 488 – 501.

[195]  Schick M. Liquids at Interfaces (Les Houches Session XLVIII) ed J Charvolin, JF Joanny and J Zinn – Justin [J]. 1990.

[196]  Furukawa, Y., and H. Nada. Advances in the Understanding of Crystal Growth Mechanisms [M]. Elsevier, 1997.

[197]  Nada H, Furukawa Y. Anisotropy in structural phase transitions at ice surfaces: a molecular dynamics study [J]. Surface Science, 1997, 121: 445 – 447.

[198]  Wettlaufer J S, Worster M G. Dynamics of premelted films: frost heave in a capillary [J]. Physical Review E, 1995, 51 (5): 4679.

[199]  Dzyaloshinskii I E, Lifshitz E M, Pitaevskii L P. The general theory of van der Waals forces [J]. Advances in Physics, 1961, 10 (38): 165 – 209.

[200]　Ketcham W M，Hobbs P V. An experimental determination of the surface energies of ice [J]. Philosophical Magazine，1969，19 (162)：1161－1173.

[201]　Knight C A. Experiments on the contact angle of water on ice [J]. Philosophical Magazine，1971，23 (181)：153－165.

[202]　Elbaum M，Lipson S G，Dash J G. Optical study of surface melting on ice [J]. Journal of Crystal Growth，1993，129 (3－4)：491－505.

[203]　Elbaum M，Schick M. Application of the theory of dispersion forces to the surface melting of ice [J]. Physical Review Letters，1991，66 (13)：1713.

[204]　Van Oss C J. A review of Intermolecular and Surface Forces [J]. Journal of dispersion science and technology，1992，13 (6)：718－719.

[205]　Bar－Ziv R，Safran S A. Surface melting of ice induced by hydrocarbon films [J]. Langmuir，1993，9 (11)：2786－2788.

[206]　Wilen L A，Wettlaufer J S，Elbaum M，et al. Dispersion－force effects in interfacial premelting of ice [J]. Physical Review B，1995，52 (16)：12426.

[207]　Fenzl W. van der Waals interaction and wetting transitions [J]. Europhysics Letters，2003，64 (1)：64.

[208]　Olphen H V，Mysels K J. Physical chemistry：enriching topics from colloid and surface science [M]. Theorex，1975.

[209]　Dal Corso A，Tosatti E. Face－dependent Hamaker constants and surface melting or nonmelting of noncubic crystals [J]. Physical Review B，1993，47 (15)：9742.

[210]　Jaccard C. PV Hobbs Ice physics [J]. Journal of Glaciology，1976，17 (75)：155－156.

[211]　Benatov L，Wettlaufer J S. Abrupt grain boundary melting in ice [J]. Physical Review E，2004，70 (6)：061606.

[212]　Smith R P. Equilibrium of Iron－Carbon－Silicon and of Iron－Carbon－Manganese Alloys with Mixtures of Methane and Hydrogen at 1000 [J]. Journal of the American Chemical Society，1948，70 (8)：2724－2729.

[213]　Nye J F，Frank F C. Hydrology of the intergranular veins in a temperate glacier [C]//Symposium on the Hydrology of Glaciers. Cambridge England，1973，95：157－161.

[214]　Nye J F. Thermal behaviour of glacier and laboratory ice [J]. Journal of Glaciology，1991，37 (127)：401－413.

[215]　Mader H M. The thermal behaviour of the water－vein system in polycrystalline ice [J]. Journal of Glaciology，1992，38 (130)：359－374.

[216]　Thompson J R，Kim H J，Cantoni C，et al. Self－organized current transport through low－angle grain boundaries in $YBa_2Cu_3O_{7-\delta}$ thin films studied magnetometrically [J]. Physical Review B，2004，69 (10)：104509.

[217]　Thomson E S，Wilen L A，Wettlaufer J S. Light scattering from an isotropic layer between uniaxial crystals [J]. Journal of Physics：Condensed Matter，2009，21 (19)：195407.

[218] De Gennes P G. Wetting: statics and dynamics [J]. Reviews of Modern Physics, 1985, 57 (3): 827.

[219] Kikuchi R, Cahn J W. Grain - boundary melting transition in a two - dimensional lattice - gas model [J]. Physical Review B, 1980, 21 (5): 1893.

[220] Broughton J Q, Gilmer G H. Thermodynamic criteria for grain - boundary melting: a molecular - dynamics study [J]. Physical Review Letters, 1986, 56 (25): 2692.

[221]  Schick M, Shih W H. Z (N) model of grain - boundary wetting [J]. Physical Review B, 1987, 35 (10): 5030.

[222] Lobkovsky A E, Warren J A. Phase field model of premelting of grain boundaries [J]. Physica D: Nonlinear Phenomena, 2002, 164 (3 - 4): 202 - 212.

[223] French R H. Origins and Applications of London Dispersion Forces and Hamaker Constants in Ceramics [J]. Journal of the American Ceramic Society, 2010, 83 (9): 2117 - 2146.

[224] Luo J, Chiang Y M. Existence and stability of nanometer - thick disordered films on oxide surfaces [J]. Acta Materialia, 2000, 48 (18 - 19): 4501 - 4515.

[225] Hsieh T E, Balluffi R W. Experimental study of grain boundary melting in aluminum [J]. Acta Metallurgica, 1989, 37 (6): 1637 - 1644.

[226] Hsun Hu. The Nature and Behavior of Grain Boundaries: A Symposium Held at the TMS - AIME Fall Meeting in Detroit, Michigan, October 18 - 19, 1971.

[227] Lipowsky R. Melting at grain boundaries and surfaces [J]. Physical Review Letters, 1986, 57 (22): 2876.

[228] JR M, Konishchev V N, Popov A I. Geologic controls of the origin, characteristics, and distribution of ground ice [C] //Third International Conference on Permafrost. 1978: 1.

[229] Deryagin B V, Churaev N V. The flow of nonfreezing layers of water and frost destruction of porous bodies [J]. Kolloidn. Zh. , 1980, 42 (5): 842 - 852.

[230] K. S. Frland, T. Frland and S. K. Ratkje. Irreversible thermodynamics: Theory and applications [J]. Endeavour, 1989, 13 (2): 96 - 96.

[231] Dash, J. G. Thermomolecular pressure in surface melting: Motivation for frost heave [J]. Science, 1989.

[232] Radd F J, Oertle D H. Experimental pressure studies of frost heave mechanisms and the growth - fusion behavior of ice [C] // Proceeding of the Second International Conference on Permafrost. North American Contribution, publication National Academy of Science, Washington DC Yakutsk, USSR. 1973: 377 - 384.

[233] Takashi T, Ohrai T, Yamamoto H, et al. Upper limit of heaving pressure derived by pore - water pressure measurements of partially frozen soil [J]. Engineering Geology, 1981, 18 (1 - 4): 245 - 257.

[234] Hiroi M, Mizusaki T, Tsuneto T, et al. Frost - heave phenomena of He$^4$ on porous glasses [J]. Physical Review B, 1989, 40 (10): 6581.

[235] Wilen L A, Dash J G. Frost heave dynamics at a single crystal interface [J]. Physical Review Letters, 1995, 74 (25): 5076.

[236] Zhu D M. Frost heave in physisorbed films: Vapor flow and substrate effects [J]. Physical Review E, 2000, 63 (1): 012502.

[237] Wettlaufer J S, Worster M G, Wilen L A, et al. A theory of premelting dynamics for all power law forces [J]. Physical Review Letters, 1996, 76 (19): 3602.

[238] Wettlaufer J S, Worster M G. Dynamics of premelted films: frost heave in a capillary [J]. Physical Review E, 1995, 51 (5): 4679.

[239] Batchelor G K. An introduction to fluid dynamics [M]. Cambridge University press, 1967.

[240] Westley M S, Baratta G A, Baragiola R A. Density and index of refraction of water ice films vapor deposited at low temperatures [J]. The Journal of Chemical Physics, 1998, 108 (8): 3321 – 3326.

[241] Bluhm H, Salmeron M. Growth of nanometer thin ice films from water vapor studied using scanning polarization force microscopy [J]. The Journal of Chemical Physics, 1999, 111 (15): 6947 – 6954.